8° S
1955

LES

ENGRAIS SOLUBLES

CONSIDÉRÉS AU POINT DE VUE
DE L'HYGIÈNE ET DE LEUR PRÉPARATION

APPLICATIONS

A LA TERRE ARABLE, AU JARDIN POTAGER ET AUX FLEURS

PAR

L.-F. DARREAU

Vétérinaire à Courtalain (Eure-et-Loir)

Prix : 1 fr. 50

AF476174

CHATEAUDUN

IMPRIMERIE HENRI LECESNE, RUE D'ANGOULÊME

M DCCC LXXX

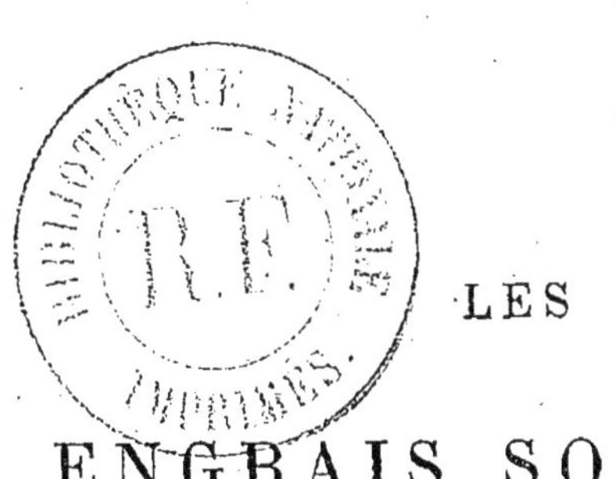
BIBLIOTHÈQUE NATIONALE
R.F.
IMPRIMÉS

LES

ENGRAIS SOLUBLES

8° S
1955

LES

ENGRAIS SOLUBLES

CONSIDÉRÉS AU POINT DE VUE
DE L'HYGIÈNE ET DE LEUR PRÉPARATION

APPLICATIONS

À LA TERRE ARABLE, AU JARDIN POTAGER ET AUX FLEURS

BIBLIOTHÈQUE NATIONALE R.F. IMPRIMÉS

PAR

L.-F. DARREAU
Vétérinaire à Courtalain (Eure-et-Loir)

Omnia Labore!
Tout par le Travail!

CHATEAUDUN
IMPRIMERIE HENRI LECESNE, RUE D'ANGOULÊME

M DCCC LXXX

LES
ENGRAIS SOLUBLES

CONSIDÉRÉS AU POINT DE VUE DE L'HYGIÈNE
ET DE LEUR PRÉPARATION

AGRICULTURE — HORTICULTURE

Omnia Labore !
Tout par le Travail!

CHAPITRE I

§ Ier. **Importance de la Question.** — Depuis la découverte des gisements de guano du Pérou, l'emploi des engrais solubles a pris une telle extension, qu'en prévision de la crainte bien fondée de voir se tarir, dans un avenir peu éloigné, une source de si grandes richesses pour l'agriculture, la science, à qui revient toujours le beau rôle dans les grandes questions, la science, disons-nous, s'est mise à l'œuvre pour étudier la composition intime de ce produit exotique.

Il y avait là, il faut en convenir, de quoi donner de belles jouissances intellectuelles à des savants. Aussi, depuis Fourcroy et Vauquelin, une pléïade de chimistes se sont-ils épris d'une véritable passion pour étudier à fond un sujet si vaste, mais si digne d'attrait.

Par cela même, il y a bien, nous l'avouons, quelque témérité de notre part à vouloir aussi aborder un coin de cette thèse, mais c'est à un point de vue pratique, s'il est ainsi permis de s'exprimer, que nous nous placerons, et en profitant largement, nous devons le reconnaître, des travaux d'illustres devanciers qui ont ainsi rendu la tâche facile à leurs disciples.

Notre travail d'ailleurs, tout modeste soit-il, sera tel, que mettant dans le règne végétal les engrais sur le même pied que les aliments dans le règne animal, nous étudierons la composition intime des uns et des autres, en établissant un parallélisme qui en fera comprendre toute l'importance. C'est dire que la chimie va ouvrir ici la voie pour nous guider, sous l'inspiration de la médecine et pour satisfaire aux exigences de cette dernière science. La médecine, en effet, ne peut se passer d'une telle collaboration, dans ses préoccupations continuelles qui tendent toutes à ce *desideratum* suprême, la conservation de la santé, soit de l'homme, soit des animaux.

C'est donc cela qui peut légitimer, jusqu'à un certain point, l'ingérence, dans une question agricole, d'un homme qui fait des études médicales l'objet de ses travaux journaliers, et c'est dans de telles conditions que nous nous présentons à la Culture.

§ II. **Cycle de la Vie.** — D'abord, qu'on le sache bien, tout s'enchaîne dans la nature. Les plantes fournissent à l'homme et aux animaux les principes nutritifs qu'un travail d'élaboration leur a fait puiser directement dans la terre. Ceux-ci, à leur tour, rendent à cette dernière ce qu'elle n'a fait que prêter et, soit en détail, soit en bloc, un jour donné, il faut quand même régler son compte avec elle et lui restituer intégralement le dépôt qu'elle nous avait confié. Si nous avons su bien utiliser ce prêt, tant mieux, mais gare ! si nous en usons mal, le prêteur ne se saisira que plus vite de son gage.

En tout cas, l'emprunteur ne tarde pas à constater son impuissance. Aussi se trouve-t-il heureux de pouvoir s'épancher auprès de personnes qui font leur spécialité de l'étude et de l'art de conserver ce précieux capital qui s'appelle la santé. Au médecin, en effet, est réservée la compétence pour ramener sur le rail le train qu'une sorte de force centrifuge tend constamment à en faire sortir. Ainsi donc, la santé, voilà notre objectif de chaque jour. Mais, pour l'avoir, il faut, à tout le moins, savoir par quels moyens il est possible de l'obtenir.

§ III. **Des Aliments dans les deux règnes, animal et végétal.** — Au milieu des autres nécessités de l'hygiène que nous sommes forcément obligé de passer sous silence, ce sont les aliments qui sont l'objet des plus incessantes préoccupations. S'ils sont suffisamment réparateurs, ils auront satisfait aux exigences de la situation et, dans de telles conditions, il y a les meilleures chances à courir pour que l'équilibre se maintienne.

Mais, si par soi-même on en fait l'expérience, la logique veut que les animaux, qui ne peuvent communiquer leurs impressions et qui sont en état de servitude, trouvent quelqu'un qui vienne suppléer à leur insuffisance en leur fournissant méthodiquement ce qui est nécessaire à l'entretien de la vie.

Ceux qui sont à l'état sauvage sont bien plus heureux. Ils ont devant eux de vastes horizons, et la nature, qui a tout prévu, a été aussi large que possible à leur égard. Toutefois, il semble que, dans ses desseins immuables, elle ait imposé des limites, car partout où l'homme apparaît, poussé par ses instincts colonisateurs, partout il subjugue les animaux, tant est grand son désir de jouir des bienfaits de la paix qu'il ne peut goûter au milieu de la sauvagerie. Par contre, un nouveau devoir s'impose au vainqueur, celui d'assurer également la vie de ceux qu'il a soumis à sa volonté. De là ces soins multipliés pour conserver le bétail qui devient sa fortune. Il ne le pourra qu'à la condition de satisfaire à ces exigences qui, vis-à-vis de lui-même, lui sont familières, c'est-à-dire assurer une nourriture substantielle aux êtres qui se trouvent ainsi sous sa puissance.

Voilà donc l'homme qui, par la force des choses, est mis en demeure de se préoccuper non-seulement des animaux mais encore des végétaux. Il faut qu'il donne à ces derniers une nourriture riche et capable de leur permettre de s'épanouir en jouissant aussi de cette santé qui les rendra florissants et leur permettra, par cela même, de produire des fruits d'autant plus beaux et plus abondants, qu'eux-mêmes auront plus de vigueur.

En définitive, que le sujet qui obéit aux lois vitales ait une position fixe sur le sol comme les végétaux, ou libre comme l'homme et les animaux à la surface de la terre, la question reste la même, il lui faut de la nourriture et une nourriture appropriée.

§ IV. **Appropriation des Aliments à la nature des êtres.** — L'appropriation est un point capital. En effet, suivant l'échelle zoologique ou botanique occupée par les êtres vivants, chacun d'eux devra choisir ce qui convient le mieux à sa nature propre. Ce choix lui sera d'ailleurs imposé par sa constitution anatomique dont le mécanisme, si bien agencé, produit une résultante qui est toujours celle-ci : l'entretien du flambeau de la vie.

Mais, si la nature a diversifié les êtres, elle ne les rend pas moins tous aptes, dans le milieu où ils se trouvent, à pouvoir satisfaire instinctivement leurs appétits, que d'ailleurs elle règle d'avance d'une façon précise. Aussi a-t-elle créé des herbivores, des carnivores et des omnivores.

D'autre part, cette même nature a su échelonner chez les animaux, le long du grand réservoir qui s'appelle l'intestin, une série d'appareils dont les produits de secrétion viennent modifier le bol alimentaire qui s'offre à lui en sortant des meules que représente l'agencement des dents jouant les unes sur les autres.

§ V. **La Solubilisation des Substances alimentaires prime tout dans les phénomènes de l'absorption.** — Les opérations chimiques qui se passent ainsi pendant tout un acte de digestion sont extrêmement compliquées, mais elles tendent toutes à ce résultat final : solubiliser les substances alimentaires en leur faisant subir des métamorphoses qui permettent de rendre leur assimilation possible pour la structure et l'entretien du corps. Mais la faveur d'un mécanisme aussi compliqué a été refusée aux plantes. En effet, rien de semblable dans l'organisme végétal. Chez lui, l'assimilation se fait d'une façon beaucoup plus simple, plus élémentaire. Il ressort de là que, si une plante se trouve en présence de produits qu'une insolubilité native ne permet pas d'attaquer, elle languira plus ou moins. Ce ne sera qu'à la longue et sous des influences diverses, que des modifications pourront s'effectuer, mais elles seront extrêmement lentes et se traduiront souvent par un mécompte pour le cultivateur.

D'ailleurs, dans les cas les plus heureux, c'est à la faveur d'un excès d'acide carbonique qu'un tel phénomène se produit. En effet, cet acide se trouve d'abord naturellement uni à l'air. D'autre part, il se forme aisément, en raison de l'oxydation facile du carbone du fumier, où il est toujours en excès par l'oxygène de cet air lui-même.

En fin de compte, soit naturellement, soit artificiellement, les plantes, comme les animaux, absorbent les produits solubilisés avec une extrême facilité. Il faut donc, dès lors, s'attacher à les leur présenter sous cette forme, et c'est ce qui a nécessité de la part des savants les nombreuses recherches auxquelles ils se sont livrés et qu'ils ne cessent de poursuivre.

Nous pourrions déjà continuer l'étude de cette question, mais au préalable il nous faut connaître quelles sont les substances préférées par les végétaux. En en faisant l'énumération, nous verrons qu'elles ne sont autres que ce que l'homme et les animaux réclament pour la constitution de leurs tissus.

§ VI. **Composition du Guano du Pérou.** — Pour nous édifier, prenons une analyse de guano du Pérou, telle qu'elle ressort des travaux de M. Boussingault :

Matières organiques	52 52
Phosphate de chaux	19 52
Acide phosphorique	3 12
Sels alcalins.	7 56
Silice et sable	1 46
Eau	15 82
Total	100 »
Phosphate de chaux soluble.	6 76
— insoluble	19 52
Total	26 28
Azote dosé	14 29
Équivalent à ammoniaque	17 32

On voit ainsi que les phosphates, substances terreuses,

et l'azote, un des gaz constitutifs de l'air ambiant où il est uni à l'oxygène pour atténuer l'intensité d'action de ce dernier corps sur les voies respiratoires, que ces deux substances, disons-nous, sont le plus en relief dans cette étude; mais, d'un autre côté, comme le but suprême en culture se trouve particulièrement dans la production du grain, considérons la composition de ce dernier.

§ VII. **Composition de la Farine de Froment.** — Prenons pour type la farine de blé en nous attachant spécialement à son albumine qui se trouve être identique à celle qui a été extraite du sang de divers animaux ou du blanc d'œuf (Lassaigne) :

Carbone	53 54
Hydrogène	7 08
Azote	15 82
Oxygène	23 56
Total	100 »

De plus, d'après M. Dehérain, *Cours de Chimie agricole,* page 78, en examinant les cendres de la graine de froment, on les trouve à peu près uniquement formées de phosphates. En effet, l'observation tend à démontrer que l'albumine pour se constituer aurait besoin de ces phosphates, qui formeraient ainsi un appoint indispensable à sa composition.

On sait aussi, en physiologie végétale, que la plus grande partie de l'azote et des phosphates qui jusqu'à la formation du grain s'étaient tenus en réserve dans la tige de la plante, abandonne celle-ci, aussitôt après la floraison, pour aller constituer la farine du grain lui-même.

§ VIII. **Composition des Cendres des Plantes non marines.** — De quoi se compose donc la tige proprement dite ? Lassaigne nous l'apprend en nous disant que les cendres des plantes non marines contiennent du carbonate de potasse mêlé à une certaine quantité de carbonate de soude, à du sulfate de potasse, du chlorure de potassium, de la silice, de l'oxyde de fer, de l'oxyde de manganèse, du carbonate de chaux, du phosphate de chaux, etc. Voilà ce qui constitue leur charpente.

Quant au carbonate de potasse, l'éminent chimiste a le soin d'ajouter que la présence de ce sel dans ce produit du feu, est le résultat de la décomposition par la chaleur des acides organiques qui étaient unis à la potasse dans les plantes, avant leur combustion. C'est à cette cause qu'il faut attribuer tous les carbonates alcalins qui font partie constituante des cendres des différents végétaux.

Quant à la proportion de cendres fournies par les plantes et les arbres, elle varie avec l'espèce de ceux-ci et la nature du sol dans lequel ils ont végété. Les plantes herbacées en donnent plus que les plantes ligneuses. Dans les arbres, les feuilles et l'écorce en donnent beaucoup plus que les branches, celles-ci plus que le tronc, et l'aubier moins que le bois.

Enfin, l'on voit par cette étude l'importance de l'azote et des phosphates au point de vue de la constitution chimique du grain, de ces phosphates encore par suite de la combinaison de l'acide phosphorique à la chaux, enfin des sels de potasse et de soude pour constituer la charpente de cette tige qui doit porter graine. Aussi, tous les chimistes, depuis M. Boussingault jusqu'à M. Georges Ville, posent-ils comme axiôme que quatre substances sont indispensables aux végétaux : azote, phosphates, potasse et chaux.

§ IX. **Composition du Sang.** — Transportons-nous maintenant dans le règne animal et prenons comme types, d'un côté, la fibrine du sang, qui est avec les globules la mère nourricière de tout notre être, d'un autre les os qui forment les assises sur lesquelles repose l'édifice entier :

FIBRINE	DE SANG d'homme.	DE SANG de cheval.	DE SANG de bœuf.	DE SANG de chien.
Carbone . .	52 78	52 67	52 7	52 72
Hydrogène .	6 96	7 »	7 »	6 92
Azote. . . .	16 78	16 63	16 6	16 72
Oxygène . .	23 48	23 70	23 7	23 62
Totaux .	100 »	100 »	100 »	100 »

D'après MM. Dumas et Cahours, auteurs de ces analyses, on voit comme quoi la fibrine extraite du sang de différents animaux est identique dans sa composition chimique, enfin, que chez elle l'azote y est largement représenté.

§ X. **Composition des Os.** — Quant à la composition des os, Lassaigne nous dit que Fourcroy, Vauquelin et M. Berzélius ont fait principalement l'analyse des os humains et des os de bœuf. Il résulte des expériences des premiers que les os de bœuf contiennent 51 de tissu cellulaire (modification morphologique de la fibrine du sang), 37 de sous-phosphate de chaux, 10 de carbonate de chaux, 1,3 de phosphate de magnésie et des traces d'oxyde de fer, d'alumine et de silice. Les os humains paraissent formés, d'après ces chimistes, des mêmes éléments, seulement dans des proportions un peu différentes.

§ XI. **Rapport entre les Sels de chaux des os et la Nourriture.** — Enfin, nous trouvons dans le même ouvrage un tableau très instructif dû aux recherches d'un savant étranger, indiquant les rapports qui existent entre la composition des os de plusieurs animaux et leur genre de nourriture. Ce tableau offre les proportions respectives du sous-phosphate de chaux et du carbonate de chaux sur 1,000 parties d'os calcinés, privés de leur partie organique.

NOMS DES ANIMAUX	SOUS-PHOSPHATE DE CHAUX sur 1,000.	CARBONATE DE CHAUX sur 1,000.
Mouton.	800	193
Lion	958	25
Poule.	886	104
Poisson.	919	53
Grenouille	952	24

L'on voit, d'après ces résultats, dit Lassaigne, que les os des animaux qui se nourrissent de végétaux exclusivement, contiennent moins de phosphates que les os des autres animaux, et que ces proportions sont en rapport avec leur genre de nourriture. Même comparaison, ajouterons-nous, avec les plantes qui seront plus ou moins riches en phosphates dans leurs cendres, suivant, sous ce rapport, la richesse minérale du terrain qui les aura vues naître.

§ XII. **Résumé des Analyses chimiques dans le règne animal et dans le règne végétal.** — Ainsi, par cette série d'analyses indiquant les noms et les proportions des corps indispensables à la vie des plantes et des animaux, on s'aperçoit que ces corps sont les mêmes dans le règne végétal que dans le règne animal. Ce sont toujours du carbone, de l'hydrogène, de l'oxygène, de l'azote, des phosphates et autres sels. Aussi, disons déjà comme quoi il est bien rationnel que les principes qu'on donnera à la terre ou aux animaux et même à l'homme, se rapprochent le plus possible de ceux dont nous venons de donner la nomenclature. Là est l'idéal de la question.

Aussi bien, puisque nous sommes sur le terrain de l'étude respective des substances qui constituent en propre le corps humain comme celui des animaux et des plantes, nous croyons bon de soumettre aux méditations du lecteur une série d'appréciations présentées par un professeur de l'École de médecine de Marseille, M. le docteur Fabre. Voici en quels termes ce savant s'exprimait dernièrement devant ses élèves. Nous sommes obligé de passer sous silence tout ce qui a trait à la partie purement médicale qui ne serait pas ici à sa place, pour ne nous occuper que de ce qui a rapport, dans cette leçon (1), aux relations physiologiques qui, dans le corps humain, unissent les éléments inorganiques aux éléments organisés, en particulier les phosphates aux matières azotées.

§ XIII. **Relations physiologiques unissant, dans le corps humain, les éléments inorganiques aux éléments organisés.** — « Notre corps, dit M. Fabre, « se compose de deux éléments : les uns inorganiques « et les autres organisés. Les éléments inorganiques « servent aux éléments organisés, non-seulement de « support anatomique comme le squelette, mais encore

(1) Extrait de l'*Abeille médicale*, numéros des 18 et 25 novembre 1878.

« de support physiologique, par le concours qu'ils prêtent « aux fonctions nutritives. Ils constituent pour la nutri« tion comme une sorte de squelette physiologique. « Le type de cette association par la fonction est dans la « liaison étroite qui existe entre le fer et les globules « sanguins.

« Une liaison analogue est établie sur une plus large « échelle entre les phosphates et les matières azotées. »

. . . .

. . . .

« Parmi les substances organisées se trouvent en pre« mière ligne les matières albuminoïdes ; parmi les « substances inorganiques, le premier rang appartient « aux phosphates. Entre ces deux ordres de substances, « existent des relations intimes que l'on constate déjà « dans le règne végétal, mais que l'on observe mieux « encore dans le règne animal, où elles deviennent plus « étroites à mesure qu'on s'élève dans l'échelle.

« Les plantes sont composées de ligneux et d'une « matière azotée très riche en phosphates. La substance « azotée et les phosphates sont condensés surtout dans « le grain. Qu'on enlève, au moyen d'un réactif, la ma« tière azotée des plantes, comme l'a fait Corenwinder, « on fait disparaître du même coup les phosphates qu'elle « contient. Qu'à l'exemple de Georges Ville on fasse « germer du blé dans un sol complètement privé de « phosphates, et la plante ne pourra produire de grains. « Boussingault a constaté une proportion constante dans « les végétaux entre l'acide phosphorique et l'azote, ou, « ce qui revient au même, entre les phosphates et les « matières albuminoïdes. Dans le règne animal, la dis« tribution des phosphates est très inégale : faible chez « les mollusques, elle augmente à mesure que les êtres « sont placés plus haut dans l'échelle animale. D'après

« les analyses de Pibra (Voir aussi le tableau page 14), « les phosphates entrent pour plus de 95 p. 100 dans la « composition des animaux avec prédominance du phos- « phate de magnésie chez les mammifères et des phos- « phates de chaux chez les poissons. Ils existent dans « toutes les humeurs et dans tous les tissus du corps de « l'homme. Le sang humain, d'après Poggiale, contient « 1,68 pour mille de phosphate de magnésie, et les « muscles 23 centièmes pour mille, d'après Chevreul.

« La proportion de ces sels dans le règne animal est, « suivant Dusart, intimement liée à l'activité des ani- « maux, laquelle est, de son côté, représentée par « l'abondance des matières albuminoïdes. Si on soumet « les animaux à ce que Dusart appelle l'inanition miné- « rale, c'est-à-dire à la privation des phosphates, ces « animaux perdent leur vigueur et leur énergie. Si, au « contraire, sans modifier leur alimentation, on leur fait « absorber du phosphate de chaux, non-seulement ils « augmentent de vivacité, mais encore ils augmentent « de poids, ce qui prouve qu'en eux des tissus nouveaux « se sont développés.

« Je sais bien que les résultats de ces expérimenta- « tions peuvent être partiellement attaqués, que, en « s'appuyant sur la grande autorité de Boussingault, on « peut soutenir que les aliments et même à la rigueur « les boissons, renferment toujours une quantité de « phosphates suffisant à nos besoins; qu'avec une foule « d'autres chimistes, on peut, comme le faisaient récem- « ment Poquelin et Jolly, prétendre que les phosphates « introduits dans le tube digestif ne sont pas absorbés; « toutes ces objections de détail ne résistent pas à ce « grand fait de l'augmentation des phosphates propor- « tionnelle à l'activité musculaire et à l'élévation dans « l'échelle animale.

« Il y a deux ordres de matières albuminoïdes, les

BIBLIOTHÈQUE NATIONALE R.F. IMPRIMÉS

« unes solubles et les autres insolubles, l'albumine d'un « côté, la fibrine de l'autre ; il y a aussi deux ordres de « phosphates, les alcalins et les terreux. Or, l'albumine « donne des cendres riches en phosphates alcalins, et la « fibrine des cendres riches en phosphates de chaux, « plus de 20 pour 100 d'après les analyses de Dusart, « qui a été ainsi conduit à considérer le phosphate de « chaux comme un agent d'insolubilisation, c'est-à-dire « comme un moyen pour les cellules organiques de « prendre leur forme et leur fixité.

« Les liens physiologiques qui unissent entre eux cer- « tains éléments inorganiques et certains éléments orga- « nisés, notamment les phosphates et les matières « azotées, sont donc extrêmement étroits. »

Arrêtons-nous à ces citations dont l'auteur voudra bien nous pardonner la longueur, pour nous demander, maintenant que nous sommes suffisamment éclairés sur le rôle si important que les substances azotées et phosphatées jouent dans les phénomènes de la vie, nous demander, disons-nous, si nous sommes bien en mesure actuellement de répondre à ces exigences de la nature. L'aveu est triste, mais il faut le formuler.

§ XIV. Il y a pénurie générale de Phosphates et d'Azote. — Oui, les phosphates et l'azote nous font absolument défaut, aussi bien souvent chez l'homme, plus malheureusement alors, et chez les animaux comme chez les plantes. La preuve en est pour celles-ci dans les nombreuses importations que nous faisons de sels ammoniacaux et l'emploi énorme de phosphates en carrière qui, chaque année, arrivent solubilisés dans nos fermes. C'est que ces substances apportent avec elles les éléments de la prospérité. Rien d'étonnant donc que l'on se préoccupe de les fournir d'abord aux végétaux, qui se chargeront ultérieurement de les restituer aux animaux dont l'homme lui-même alors bénéficiera amplement.

Depuis nombre d'années déjà, la science a mis à notre disposition pour les plantes une nourriture appropriée et dont la pratique constate toute l'efficacité. Il est incontestable que les engrais chimiques ont été un immense bienfait, dans les terrains argileux notamment comme celui du Perche. Les riches découvertes de gisements de phosphates ont permis à notre agriculture d'en user largement.

§ XV. **Pour l'azote, nous sommes tributaires de l'étranger.** — Mais, il n'en est pas de même pour l'azote. Nous nous voyons quand même tributaires de l'étranger pour ce produit, ce qu'attestent nos importations si considérables de nitrate de soude, par exemple. Le sulfate d'ammoniaque est également très cher. Voilà ce qui fait réfléchir nos cultivateurs qui, généralement, ne trouvent plus pour leurs dépenses cette rémunération à laquelle pourtant ils auraient bien droit en présence des frais si grands qui aujourd'hui les accablent. Non-seulement, en effet, les engrais chimiques sont à un prix élevé, mais celui de la main-d'œuvre va continuellement en progressant. D'autre part, les laines qui autrefois faisaient la fortune de la culture française ne se sont jamais relevées de la concurrence que leur ont faite celles d'Australie.

L'heure actuelle est donc bien propice, pour tous ceux qui ont à cœur les intérêts agricoles, de se mettre à l'œuvre et de proposer, chacun dans sa sphère, toute modeste encore une fois soit-elle, ce que l'expérience lui dicte comme pouvant être utile à l'agriculture.

A une époque qui n'est pas encore éloignée, nous avons vu de belles initiatives à cet égard, en particulier celle de la production en grand des prairies artificielles, comme la luzerne et le sainfoin. Cette production a eu l'avantage de pousser à la multiplication du bétail, qui se trouvant ainsi mieux entretenu n'a pas tardé à donner de beaux bénéfices. Ce sont surtout les terrains argilo-siliceux qui ont bénéficié de cette production, mais les terres horizontales, essentiellement argileuses et humides, n'ont pas permis d'aussi heureuses innovations, ce qui explique pourquoi certains cultivateurs continuent de fonder leurs espérances sur la production du blé. Dès lors, on constate aujourd'hui que les emblavures sont très étendues par rapport au fumier de ferme dont on dispose, mais ce dernier se trouve insuffisant et l'on cherche à combler le déficit avec le guano.

§ XVI. **Le Bétail doit rester au premier rang comme producteur d'engrais. Les engrais chimiques ne sont que des adjuvants.** — Quoique nous venions ici plaider la cause des engrais chimiques, il n'en reste pas moins établi pour nous que le bétail ne doit point être négligé et qu'on doit tout faire pour lui assurer de larges approvisionnements. C'est lui qui restera le nerf de la culture, car l'engrais qu'il produit a l'immense avantage sur l'autre d'agir comme amendement en rendant la terre plus légère et plus accessible aux influences atmosphériques. Aussi, malheur au fermier, surtout dans les terrains rudes, au fermier, disons-nous, qui mettrait le bétail au second rang comme producteur du fumier. S'il en était ainsi, il ne tarderait pas à éprouver les plus cruels mécomptes.

D'autre part, il nous semble difficile d'admettre que la culture par elle-même puisse combler le déficit que les récoltes de grains et le bétail exportés lui font subir annuellement. Il faut sans cesse chercher à équilibrer ces pertes. Raison de plus alors pour être strict sur la conservation de ce qui peut d'abord chez soi être utilisé fructueusement, avant d'aller demander les mêmes produits à l'industrie, qui saura toujours les vendre à chers deniers. Si l'on avait à bon compte des engrais facilement assimilables, on les utiliserait largement, au printemps, pour les cultures dérobées, en réservant au blé toute la somme de fumiers de ferme dont on dispose. Les engrais chimiques qu'on pourrait également appliquer ici, continueraient leur rôle, comme nous le disions en commençant, mais d'engrais adjuvants.

§ XVII. **Influence heureuse des Comices agricoles.** — Depuis nombre d'années déjà, les Comices agricoles ont fixé l'attention de tous sur un meilleur aménagement des détritus de toute nature produits par la ferme. Ils ont fondé des prix. On doit reconnaître que cet appel n'est pas resté stérile, quoiqu'il y ait encore beaucoup à désirer à cet égard.

§ XVIII. **Les Applications de la science aux choses de la terre n'ont pas jusqu'à ce jour été mises assez à la portée du monde agricole.** — Si l'on n'a pas été plus loin, nous n'en ferons pas un reproche à la Culture en reconnaissant chez elle plutôt de l'impuissance que de la négligence. En effet, la science n'a pas encore répandu dans les campagnes les moyens dont elle dispose pour utiliser tous les produits de la ferme dont certains aujourd'hui sont frappés de quasi-stérilité, en raison de l'inconnue qui se dresse devant le cultivateur pour opérer les transformations urgentes que le goût des plantes, mieux étudié, a permis ainsi d'apprécier.

Tout au plus, ce que l'on sait aujourd'hui, parce qu'on le voit affiché sur tous les murs, dans toutes les publications périodiques, les circulaires, etc., etc., c'est que les phosphates et l'azote font pousser du blé. Quant à se rendre compte de l'origine de ces engrais et de leur mode de préparation, les initiés à cette question sont encore bien rares, en dehors de la classe des industriels.

Eh bien, en voilà une lacune immense, quand on considère combien chacun aurait intérêt à s'initier à de tels problèmes ! Ce doit être là maintenant le rôle des professeurs d'agriculture. Ils feront de cette question, nous en sommes sûr, l'objet de leurs conférences, car il est certain que nulle autre ne peut intéresser davantage les cultivateurs. Aussi, est-ce déjà avec le plus vif intérêt que nous avons pris connaissance du compte-rendu d'une conférence sur les engrais et amendements, faite par M. Albert Roussille, professeur à l'École de Grandjouan, à MM. les instituteurs, au mois d'août dernier, à l'École normale de Chartres. C'est là une belle initiative, qui fait honneur à son auteur.

N'est-il pas pénible, on en conviendra, de voir comme quoi, tout en comprenant, d'après les essais pratiques, l'importance des engrais solubles, on est obligé à tant de sacrifices pour en acheter, lorsque, faute de savoir utiliser ce que l'on a, on perd une quantité considérable de cet azote et de ces phosphates qui, bien traités, nous donneraient les plus précieuses ressources. Par la force des choses, on est obligé de laisser perdre ce que l'on ne sait point utiliser.

§ XIX. **Origine commune des Phosphates et de l'Azote. Partout, perte de ces produits.** — On le voit déjà, ces phosphates, cet azote, se trouvent dans toutes les substances animales, sous telle forme qu'on se les représente. Ainsi, les os abondent en phosphates comme nous l'avons vu, leur parenchyme contient la substance azotée qui, de son côté, se trouve en si grande quantité dans toutes les autres parties du corps. Du reste, les observations médicales que nous avons passées en revue nous l'ont assez prouvé. Ainsi, sans sortir de la ferme, que nous avons prise surtout comme objectif, que de produits sont perdus et qui renferment ces principes dont nous apprécions la valeur en ce moment !

Ce sont d'abord les os de la cuisine, que l'on dédaigne. Ils sont jetés aux chiens ou aux chats, qui rongent ce qu'ils peuvent et laissent le reste en le traînant dans les cours, sur les chemins, les places publiques, etc. Quant à la plume de volaille, celle qu'on appelle vulgairement la plume morte, combien de celle-là s'envole au gré du vent ? Ce sont en outre les débris de vieux cuir, de harnais, comme il en existe tant dans les greniers de ferme, et où l'on trouve associée à ce cuir la bourre qui n'est autre, comme on le sait, que du poil d'animaux.

En allant plus loin, le moindre mouton qui meurt n'est l'objet d'aucun soin. Sa peau enlevée, on laisse les chiens en dévorer les chairs, lorsqu'à tout le moins on sait d'avance qu'il ne meurt pas d'une maladie contagieuse. Quant aux gros animaux, vaches ou chevaux, s'ils viennent à périr, on est heureux, dans son malheur, de voir l'équarrisseur vous en débarrasser. Le cultivateur recevra un maigre prix de la peau, et tout est dit. Voilà une perte sèche, s'il en fut.

Si nous sortons de la ferme, la même indifférence nous frappe quant à une foule de vieilleries dont chacun est heureux que le moindre brocanteur le débarrasse. Voyez, par exemple, les chiffons de laine, eux si azotés et qui tiennent le haut du pavé, on les vend mélangés à ceux de coton. Le chiffonnier lui-même n'en est pas plus satisfait, attendu que le chiffon de laine déprécie l'autre, et que ce dernier seul peut être utilisé dans la fabrication du papier. C'est donc comme par grâce que dans nos ménages on nous débarrasse de ces produits qui vont, dans le Nord notamment, trouver encore un écoulement assez facile, paraît-il.

Que diront également de cette question tous ceux qui,

travaillant les débris d'animaux sous toutes formes, mais plus ou moins transformés par l'industrie, cordonniers, bourreliers, tailleurs, chapeliers, ouvrières en tous genres, etc., etc., qui sont encombrés de rognures, de chiffons, et que l'on vend à vil prix, lorsque l'on ne jette pas ces déchets dans le foyer, quitte à empoisonner par la fumée les voisins qui ne peuvent s'empêcher de maugréer et de lancer contre les gens, bien souvent, des épithètes plus ou moins désobligeantes? Il nous semble, ou nous nous abusons, que ce serait pourtant rendre service que de leur indiquer le moyen de mieux utiliser tout cela.

§ XX. **Le Jardin est un sujet d'agrément pour tout le monde.** — Sauf dans les villes peut-être, mais à la campagne et dans nos pays, quel est celui qui, dans les corps d'état que nous venons de signaler, n'ait pas le plus petit coin de jardin dont il ne prenne grand souci? Ce jardin, il est le bonheur de la famille. Chacun en rêve un, dût ce qu'il lui rapporte, quelquefois, revenir au double et au triple de ce que l'on paierait les légumes et les fleurs au marché. Pour l'entretien, c'est le fumier de lapin qui le plus souvent est chargé de cette besogne, mais jugez donc si avec cela on lui donnait une petite pointe d'engrais soluble. Quelle métamorphose! Comme vous auriez des betteraves, carottes, oignons, etc., etc.

Nous venons de parler de l'ouvrier des villes. S'il est malheureusement privé de ce petit coin de terre qui procure tant de délices aux autres, il ne pourra jamais refuser ni à lui-même, ni à sa famille, le plaisir de quelques fleurs. Quel est le plus petit ménage qui ne les adore pas? Quelle source de belles récréations, que de joie l'on goûte dans leur société et pour peu de frais! Donc, si l'on rendait vulgaire le procédé pour solubiliser les substances azotées et phosphatées, il nous semble qu'on ne devrait plus voir ce qui se passe actuellement. Ainsi, dans les champs, que d'os on trouve sur le terrain et que des labours successifs ramènent constamment à la surface. Combien y en a-t-il, encore une fois, dans les rues de nos villages, que les chiens eux-mêmes dédaignent. On les voit épars, de ci, de là, conjointement avec de vieux débris de chaussures. Dans les hôtels, les boucheries, on a des os à 8 fr. les 100 kil. Le chiffon de laine trié coûte 5 fr. Voilà pourtant de quoi se payer à bon marché des phosphates et de l'azote !

Mais enfin, pourquoi tant insister puisqu'en définitive on ne sait point utiliser ces produits pour le plus grand bénéfice de la terre? Ceux-là ne sont pas coupables. Le seraient plutôt ceux qui, ayant les connaissances suffisantes, n'en feraient pas profiter leurs concitoyens.

§ XXI. **Influence de la Spéculation.** — Mais, ici, la spéculation apparaît, et tant que ses petites affaires ne seront pas faites, elle se gardera bien de divulguer quelque chose au public. Ici, c'est la science intéressée. Laissons-la donc dans ses usines et espérons que ceux qui sont à la tête de l'enseignement officiel nous donneront des professeurs qui nous édifieront complètement à cet égard. Ce serait pourtant là rendre un grand service à notre agriculture nationale.

En attendant que des voix plus autorisées que la nôtre initient ainsi tout le monde à ces méthodes si ardemment désirées, nous allons, pour notre propre compte, tâcher de faire connaître ce qu'une pratique raisonnée nous a appris sur cette question. Entrons donc dans l'exposé des faits.

CHAPITRE II

§ Ier. **Déductions pratiques inspirées par la science pure.** — Depuis longtemps, nous nous préoccupons d'un tel sujet, et c'est en réfléchissant aux leçons de savants maîtres en chimie, Lassaigne entre autres, que nous avons cherché à mettre à profit ce qui n'avait été de leur part qu'un exposé de science pure, mais qui pouvait, au premier jour, comme on va le voir, trouver les applications les plus heureuses. Puissions-nous du reste être bien dans le vrai !

D'abord, imbu de cette idée que l'azote et les phosphates existent, comme nous l'avons dit tant de fois, dans les matières animales, nous avons cherché à nous rendre compte, sur ce premier point, des faits qui allaient se passer sous nos yeux.

§ II. **La Laine, substance azotée par excellence.** — Connaissant les propriétés éminemment azotées de la laine, 16,98 pour 100 d'azote, c'est à elle naturellement que nous nous sommes d'abord adressé. Les chimistes considèrent cette production pileuse comme un produit identique à de la fibrine desséchée. Chez elle, l'azote se trouve prendre une grande part à la constitution chimique de sa substance, qui, rendue à la terre, se modifiera au point que chacun des éléments qui la composent se désagrégera d'avec ses congénères, suivant la loi commune, pour rentrer dans de nouvelles combinaisons. En un mot, il se passera un acte chimique qui sera la conséquence de ce principe qui veut que tout corps, en présence d'un autre, et susceptible d'affinités chimiques, échange ses molécules avec lui pour donner naissance à d'autres produits complètement différents souvent, par leur aspect physique et leur constitution propre, de ceux qui leur ont donné naissance. Le temps seul vient à bout de réaliser le problème. Ainsi, l'on sait comme quoi le chiffon est excellent pour la production du blé, mais qu'il agit lentement. Il lui faut de l'humidité. Rien d'étonnant à cela. On sait d'ailleurs que l'eau et la chaleur sont favorables aux réactions dans les substances animales.

Eh bien, ne pourrait-on pas artificiellement abréger ce que le temps est si long à produire? Telle est la question qui s'est ainsi présentée à notre observation. Elle était facile à résoudre.

§ III. **Dissolution de la Laine.** — En effet, il s'agissait tout simplement de faire attaquer cette laine par un corps à qui elle obéira d'abord en prenant la nature liquide d'une dissolution pour se modifier ultérieurement dans sa constitution chimique propre, ainsi que nous le verrons plus tard.

§ III *bis*. **L'Acide sulfurique, grand dissolvant des substances azotées.** — Nous avons nommé l'acide sulfurique. Du reste, le fait est vulgaire et inséré dans tous les ouvrages de chimie : la laine est soluble dans cet acide, comme toute matière animale, le crin par exemple, les tendons, les muscles, etc. C'est ce qui fait aussi que sa manipulation demande quelques précautions, nous le reconnaissons, vis-à-vis de soi-même d'abord, puis par rapport à ses vêtements qu'il brûlerait, comme on le dit vulgairement, autrement dit qu'il dissoudrait en formant trou à l'endroit où porterait une goutte d'acide.

En réalité, notre but se trouvait ainsi atteint, nous avions réduit cette laine à l'état de solution, c'est-à-dire obtenu un produit ressemblant par sa consistance à une dissolution épaisse de gomme arabique dans l'eau.

§ IV. **Dissolution azotée au contact d'une terre peu cuite.** — Notre dissolution en question ayant été opérée dans une fiole de verre, nous avons voulu nous assurer de ce qui se passerait en la déposant dans un pot de terre vernissée, mais peu cuite.

Il s'est produit alors un phénomène bien remarquable qui a été parfaitement étudié au point de vue agricole par M. Dehérain (1), à la suite des faits découverts par Dutrochet et Th. Graham ; c'est le phénomène de la diffusion.

Ainsi, au bout de peu de temps, on voit une efflorescence saline soulever la surface extérieure de la terre, puis se cristalliser au point que toute la surface extérieure du vase ne tarde pas à se couvrir d'une poussière cristallisée extrêmement curieuse à observer. C'est en petit ce qui se passe à la surface des murs contre lesquels reposent des matières en décomposition et dont on dit qu'ils se couvrent de salpêtre, azotate de potasse. Il était facile ici de s'assurer de la nature de notre sel en question : en le broyant avec de la chaux vive, l'odeur ammoniacale s'est aussitôt dégagée et la réaction par l'azotate de baryte ayant donné un précipité blanc abondant, insoluble dans l'acide azotique, nous avons reconnu que c'était un sulfate, par conséquent du sulfate d'ammoniaque.

§ V. **Transformation de l'Azote de la laine en Sulfate d'ammoniaque.** — Ainsi, comme nous le disions tout-à-l'heure, l'azote de la laine, en se combi-

(1) *Cours de Chimie agricole,* par DEHÉRAIN. — Paris, librairie HACHETTE, 1873.

nant à l'hydrogène, a formé de l'ammoniaque, qui elle-même se trouvant en présence de l'acide sulfurique, donne naissance à du sulfate d'ammoniaque. Nous avions donc là un moyen facile de nous procurer ce sulfate d'ammoniaque qui est si cher dans le commerce et dont le prix tend même sans cesse à augmenter. Ainsi, qu'on sache donc bien que, pour produire ce sel, il suffit de faire dissoudre dans de l'acide sulfurique une substance animale quelconque. Quoi de plus simple ?

Des matières fécales même qui, on le sait, contiennent l'ammoniaque à l'état de carbonate et de sulfhydrate d'ammoniaque, ont donné bien entendu les mêmes efflorescences à la surface des pots en terre peu cuite.

§ VI. **Phénomène de la diffusion dans la terre arable. Origine des Substances albuminoïdes.** — Ce que nous venons d'observer par rapport aux vases en terre peu cuite contenant une dissolution animale dans l'acide sulfurique, va se produire dans la terre arable qui, jouant le rôle d'un vase poreux, pourrait donner naissance à du sulfate d'ammoniaque direct, dans les mêmes conditions, si d'autres réactions ne venaient compliquer le problème.

En effet, les expériences de chimistes agricoles démontrent que les sulfates sont peu fixes et qu'ici le principe azoté ne tarde pas, en présence du glucose primitivement formé dans la plante, à donner lieu à des substances albuminoïdes.

§ VII. **Rôle des Principes azotés dans la constitution du grain.** — Ce sont elles, ces substances albuminoïdes, qui longtemps se tiendront en réserve dans la plante pour se précipiter sur l'organe générateur du grain, au moment de la formation de ce dernier, dont elles constitueront alors la partie la plus riche.

Voilà enfin ce que la science nous apprend sur les métamorphoses de l'azote et le rôle qu'il joue dans la terre arable pendant l'acte de la végétation.

CHAPITRE III

§ Ier. **Des Phosphates.** — Nous avons déjà fait ressortir que les matières albuminoïdes ne pouvaient pas se constituer sans la présence des phosphates, que ce serait même ce dernier corps qui, en devenant insoluble, donnerait aux organes cette solidité dont ils ont besoin dans l'exercice de leurs fonctions réciproques. Étudions-le donc, pour voir sous quelle forme nous pourrons le présenter à l'assimilation des plantes.

Nous ne nous occuperons point des phosphates en carrière, ils sont l'objet aujourd'hui d'études très savantes dans la presse agricole. Restons sur le terrain que nous avons adopté. Notre travail, on le sait, a pour but de prouver comme quoi on pourrait mettre à profit une foule de produits qu'on est obligé de négliger, faute de connaître un moyen pratique de les utiliser. Parlons donc des os, puisque c'est chez eux que la nature accumule ces principes phosphatés indispensables à leur constitution.

§ II. **Des Os, au point de vue de la production des phosphates.** — Nous avons dit que la partie solide des os était principalement constituée par du carbonate de chaux, autrement dit un produit similaire à la marne, puis du sous-phosphate de chaux.

La chimie a ainsi désigné ce dernier sel pour démontrer d'abord l'union de l'acide phosphorique à l'oxyde de calcium ou la chaux, mais avec prédominance de ce dernier élément terreux sur l'acide phosphorique, ce qui entraîne l'insolubilité du sel. Or, comme nous l'avons dit, les plantes ne pouvant utiliser la nourriture qu'on leur sert qu'à la condition que, soit naturellement, soit artificiellement, elle soit amenée à un état de solubilisation particulière, qui en rende l'absorption facile, il y a lieu de rechercher quelles sont les substances chimiques qui nous rendront le service, avec l'azote, d'accélérer l'opération. De plus, nous allons être témoins de la série de transformations que les substances calcaires, sous-phosphate de chaux et carbonate de chaux, vont avoir à subir.

§ III. **Traitement des Os par l'acide chlorhydrique.** — La chimie nous enseigne que le vrai dissolvant des os est l'acide chlorhydrique. Essayons de faire comprendre ce qui se passe dans cette action chimique. D'abord, l'acide chlorhydrique est un gaz composé de chlore et d'hydrogène. Très-soluble dans l'eau, il est alors connu sous le nom d'acide muriatique ou esprit de sel. C'est sous cette forme qu'il est employé à la dissolution des os.

Quand on plonge ces derniers dans l'acide, on ne tarde pas à voir de grosses bulles couvrir la surface du liquide, comme l'eau, lorsqu'elle est prête à bouillir. C'est l'acide carbonique du carbonate de chaux qui se trouvant libre se dégage, et la chaux de ce carbonate a été transformée en eau et en chlorure de calcium, par suite de l'hydrogène de l'acide chlorhydrique qui s'est porté sur l'oxygène de l'oxyde de calcium ou la chaux pour former de l'eau, tandis que le chlore de ce même acide s'est porté sur le calcium pour former du chlorure de calcium soluble.

RÉACTION :

CARBONATE de CHAUX	Acide carbonique.	Acide carbonique dégagé.	
	Oxyde de calcium	Oxygène	. Eau.
		Calcium .	Chlorure de calcium.
ACIDE CHLORHYDRIQUE	Chlore		Chlorure de calcium.
	Hydrogène		. Eau.

Voilà une première réaction.

Reste le sous-phosphate de chaux. En présence de l'acide chlorhydrique, ce sel va perdre son excédant de chaux. Il se formera encore de l'eau et du chlorure de calcium, comme avec le carbonate de chaux, mais ici toute la chaux ne sera pas décomposée : une partie restera unie à l'acide phosphorique qui, par cela même, se trouvant en excès, donnera lieu à la formation d'un biphosphate de chaux ou superphosphate de chaux, comme on l'appelle aujourd'hui dans le commerce.

§ IV. **Superphosphate de chaux.** — Ce biphosphate, quand il est pur, se présente sous la forme d'une substance analogue au miel ; il a une consistance sirupeuse et poisse aux doigts.

La dissolution des os dans l'acide chlorhydrique est d'ailleurs très curieuse à observer, en ce sens que la substance parenchymateuse de l'os reste quand l'acide est affaibli, et l'on voit, dans les os longs par exemple, sur le dessin sous lequel elle s'offre à l'œil, la place primitivement occupée par les sels calcaires, mais actuellement dissous. C'est une série de cercles plus ou moins réguliers et de bosselures très intéressantes à considérer.

En définitive, voilà l'effet principal de l'acide chlorhydrique sur les os : formation de chlorure de calcium et de biphosphate de chaux.

§ V. **La dissolution des Os dans l'acide chlorhydrique est insuffisante. Les Chlorures en excès ne sont pas favorables à la végétation.** — La dissolution d'os se trouvant ainsi produite, on pourrait croire de prime abord que le problème est résolu, attendu que les plantes, ayant à leur disposition du superphosphate et de la matière azotée représentée par le tissu cellulaire des os, se trouveraient satisfaites si l'on ajoutait au tout un excipient convenable pour avoir une substance pulvérulente. Pour notre propre compte, nous ne le pensons pas. En admettant même la formation directe d'un chlorhydrate d'ammoniaque en présence des matières albuminoïdes, constituant le parenchyme osseux, ce dernier sel ne serait pas celui que préfèrent les végétaux. Il nous est arrivé, en effet, de semer du sel ammoniac sur du blé et de n'en avoir obtenu aucun effet dans des terres argilo-siliceuses. Peut-être qu'avec l'adjonction du plâtre, sulfate de chaux, nous eussions été plus heureux, car le contact de ces deux substances eût alors donné du sulfate d'ammoniaque. Du reste, en général, il est reconnu que les chlorures en excès ne sont pas favorables à la végétation.

§ VI. **Heureuse influence de l'Acide sulfurique sur les dissolutions chlorhydriques.** — Puisqu'il en est ainsi, achevons le problème : étant donnée une dissolution chlorhydrique d'os, il suffira de verser sur elle de l'acide sulfurique pour que de nouvelles combinaisons chimiques s'opèrent et que le *desideratum* soit obtenu.

Nous avons dit que cette dissolution chlorhydrique contenait surtout du bi-phosphate de chaux et du chlorure de calcium. Le premier sel restera dans les mêmes conditions, d'aucune façon il ne sera modifié ; mais, aussitôt que le chlorure aura subi le contact de l'acide sulfurique, des phénomènes chimiques très importants se passeront.

En effet, à ce contact, le calcium du chlorure retrouvant de l'oxygène redeviendra de l'oxyde de calcium, c'est-à-dire de la chaux, qui elle-même, avec l'acide sulfurique, donnera du sulfate de chaux, autrement dit du plâtre. Un précipité très abondant se formera, en produisant une sorte de bouillie épaisse unie au bi-phosphate de chaux.

Dans de telles conditions, le chlore du chlorure reprenant de l'hydrogène, reconstituera de l'acide chlorhydrique, qui alors n'ayant plus aucun principe calcaire à attaquer se dégagera, à l'état de vapeurs. Ainsi, ces dernières se développeront abondamment pendant que se formera le précipité de sulfate de chaux uni au superphosphate.

§ VII. **L'Acide sulfurique comme dissolvant des Os.** — En raison du contact possible et sans réaction, de l'acide chlorhydrique avec l'acide sulfurique, nous avions pensé un moment à nous servir exclusivement de l'acide sulfurique pour dissoudre les os, ceux de cuisine particulièrement, qui contiennent plus de chlorure de sodium, sel marin, que les autres, en raison de leur passage dans les préparations culinaires. Nous mettions même du sel de cuisine dans de petits nouets de linge que nous introduisions dans les vases contenant de l'acide sulfurique et des os.

Le chlorure de sodium se trouvait décomposé en sulfate de soude et l'acide chlorhydrique formé restant à l'état de vapeurs au milieu de l'acide sulfurique dont la substance est très dense, les réactions s'opéraient et la dissolution des os qui contiennent eux-mêmes des chlorures s'effectuait, mais d'une façon très lente.

Toutefois, nous pouvons affirmer nous être servi de semblables dissolutions qui ont produit un effet admirable sur la végétation. Aussi, dans de petits ménages, où l'on ne pourrait par hasard se procurer que de l'acide sulfurique, ce procédé serait susceptible d'application.

§ VIII. **L'Acide sulfurique présenté aux dissolutions chlorhydriques sous forme de dissolutions azotées.** — Nous venons de dire que les dissolutions chlorhydriques péchaient par un excès de chlore. Il y a donc lieu d'éliminer ce dernier corps, ce qui sera facile au moyen de l'acide sulfurique. Mais, ici, il nous a fallu compliquer le problème, s'il est ainsi permis de s'expliquer. Nous nous sommes demandé s'il ne serait pas convenable, au lieu de verser sur ces dissolutions chlorhydriques d'os de l'acide sulfurique, de le leur présenter, sous forme de solutions azotées. La chose était à tout le moins rationnelle, au point de vue de la richesse ultérieure de nos engrais. D'autre part, les chimistes ne conseillent pas de mettre de l'acide pur au contact de substances azotées susceptibles de se volatiliser par suite de la chaleur produite au contact. Ils recommandent de l'étendre d'eau. Pour nous, un premier moyen de l'affaiblir était tout trouvé :

Nous avons vu comme quoi il dissout facilement la laine, le cuir, la corne, toutes substances essentiellement azotées. Étant ainsi solubilisées, ces dernières se mettent à sa disposition pour former plus tard du sulfate d'ammoniaque. Mais, si nous opérons aussitôt que la dissolution azotée est produite, l'acide sulfurique, quoique affaibli, n'en agira pas moins immédiatement sur les principes calcaires de nos dissolutions chlorhydriques. Le précipité de sulfate de chaux se formera en même temps que se dégageront les vapeurs chlorhydriques elles-mêmes. Nous allons plus loin et nous dirons que, si la dissolution de chiffon dans l'acide sulfurique est trop récente, elle pourra donner lieu encore à une élévation très grande de la température. Dans ce cas-là, nous conseillons aussi d'ajouter un peu d'eau, si l'on voit les vapeurs s'échapper trop abondamment au moment du contact des deux acides.

§ IX. **Transformation du Sulfate de chaux dans la terre arable.** — Le sulfate de chaux ainsi produit ne restera point inactif et les expériences à cet égard démontrent comme quoi ce sel est très mobile et se change facilement en sulfate d'ammoniaque au contact des substances azotées (Dehérain). C'est même là ce qui légitime l'emploi du plâtre en poudre semé sur le fumier dans la bergerie pour éviter la déperdition de l'ammoniaque.

Enfin, nous ici, nous aurons des solutions suffisamment riches en phosphates et en azote pour produire un effet remarquable au point de vue végétatif.

Comme on le voit, cette question de préparation de solutions azotées et phosphatées, tout en paraissant compliquée en raison des développements théoriques dans lesquels nous avons été obligé d'entrer, et dont nous demandons bien pardon au lecteur, est réellement extrêmement simple. Ainsi, nous supposons que l'on ait à sa disposition des chiffons de laine, de vieux cuirs ou de la corne, de la soie, etc., etc., en un mot, n'importe quelles substances animales qui, après préparation dans l'industrie, constituent chez nous des objets qui, après avoir servi à notre usage domestique, sont devenus sans valeur pour ainsi dire. Avec de l'acide sulfurique, on solubilisera tout cela. Ce seraient même des os, qu'avec le temps, la dissolution elle-même s'en produirait. Mais pour eux, si l'heure presse, employons alors l'acide chlorhydrique, qui nous donnera prompte satisfaction.

§ IX. Importance de l'Acide chlorhydrique au point de vue de l'hygiène. — L'emploi de cet acide est d'autant plus sérieux à considérer, quoiqu'il provoque la toux lorsqu'on persiste au milieu de ses vapeurs, que sa présence momentanée dans un appartement ou un endroit où se dégagent des odeurs méphitiques est salutaire, en ce sens qu'il purifie l'air de ses miasmes et qu'en été il pourra, dans certaines circonstances, rendre de grands services dans les villes principalement où les locaux sont si étroits et où l'air et la lumière vous sont ménagés avec tant de parcimonie. De temps à autre, un dégagement de vapeurs d'acide chlorhydrique ne peut

3

être que favorable, et l'on comprend facilement qu'une substance aussi active sur les produits animaux puisse, en raison de sa volatilité, avoir aussi de la puissance sur les germes qui, d'après les belles découvertes de M. Pasteur, inondent notre atmosphère.

Nous sommes convaincu que dans les boucheries, grandes comme petites, dans les hôtels par exemple, où l'on produit beaucoup d'os, que l'on met dans quelque recoin en attendant qu'on en soit débarrassé, on se trouverait bien d'employer l'acide chlorhydrique. Si le titulaire de ces établissements avait une culture, voyez comme il ne dédaignerait plus ce résidu mais le conserverait alors soigneusement.

§ X. **Importance de l'Acide sulfurique au point de vue également de l'hygiène.** — L'emploi des acides ne doit pas d'ailleurs tarder à prendre de plus en plus d'extension. On sait comme quoi l'acide sulfurique, si connu sous le nom d'huile de vitriol, se trouve déjà dans la consommation au grand bénéfice de ceux qui l'emploient, mais qui, pour la plupart, ne se rendent pas compte de l'extension qu'ils pourraient donner à son usage.

Ainsi, pour ce qui est du chiffon de laine, si la solubilisation s'en faisait dans chaque ménage, que l'on juge du service qu'une telle pratique rendrait, en ôtant sa raison d'être à l'industrie spéciale qui consiste aujourd'hui à le trier d'avec le chiffon de nature végétale !

Ce travail, en effet, le plus souvent, est fait par des femmes ou des vieillards. Certains même de ces ouvriers sont obligés de renoncer à cette besogne où leur poitrine s'altère au contact des poussières irritantes qui s'échappent pendant l'opération. Dernièrement, la *Revue d'hygiène* publiait la traduction d'observations faites dans la Basse-Autriche, où des médecins signalent l'apparition d'une maladie dite *des chiffons,* et qui, en peu de temps, vient de faire de nombreuses victimes. Il paraît donc nécessaire, dit-elle, de faire détruire les chiffons souillés de matières virulentes, lorsqu'ils ne peuvent plus servir, et de ne jamais les abandonner au chiffonnier.

Nous ajouterons que, pour ceux qui sont en laine, l'indication se trouve ainsi toute naturelle de les plonger dans l'acide sulfurique. De cette façon, l'hygiène et l'agriculture se trouveront satisfaites.

D'un autre côté, écoutons les conseils que donne aux agriculteurs le Comité consultatif des épizooties, relativement à cette terrible maladie, à laquelle le Perche et la Beauce ont payé un si large tribut, le choléra des poules :

« Des recherches scientifiques récentes, dit la note « émanée de la savante Compagnie, ont établi d'une « façon certaine que cette maladie est produite par un « organisme microscopique qui se développe dans les « intestins, passe dans le sang et s'y multiplie avec une « rapidité extraordinaire. Ce parasite est évacué dans la « fiente et peut ensuite passer dans les animaux qui « picotent les fumiers ou mangent les grains qui ont pu « être salis par la fiente.

« Si un animal vient à mourir et qu'il y ait lieu de « craindre le choléra des poules, il faut aussitôt faire « sortir les volailles de la basse-cour et les maintenir « isolées les unes des autres. On doit ensuite nettoyer la « basse-cour et le poulailler en enlevant le fumier et en « lavant à grande eau les murs, les perchoirs et le sol. « L'eau employée contiendra, par litre, 5 grammes « *d'acide sulfurique,* et on se servira pour ce lavage « d'un balai ou d'une brosse. Quand il se sera écoulé « une dizaine de jours sans qu'aucune mort se soit pro- « duite, on pourra considérer le mal comme disparu et « on ne maintiendra plus dans l'isolement que les volailles

« qui manifestent de l'abattement, de la tristesse, de la « somnolence.

« Ces moyens, si simples dans leur emploi, suffiront « pour arrêter les progrès de la contagion et en empê- « cher le retour; appliqués dès le début du mal, ils « limiteront les pertes à un chiffre insignifiant.

Pour ce qui est des os de boucherie ou de cuisine, qui ne tardent pas à sentir mauvais, il est une remarque dont nous avons été frappé en préparant ces dissolutions, c'est que, quelle que soit la chaleur du jour, si l'on opère en été, on n'est pas longtemps tourmenté par les mouches, toujours attirées par les matières odorantes.

Quelques-unes essayent bien de tourner autour de l'opérateur, bourdonner au-dessus de la dissolution, chercher même à se précipiter sur elle, comme pour en arracher l'objet de leur convoitise qu'elles voient ainsi disparaître dans la profondeur d'un liquide, mais le léger dégagement de chlore qui s'opère, les chasse aussitôt pour ne plus revenir. Ce fait nous paraît avoir de l'importance en ce sens que l'odeur du chlore éloignant ces diptères, dans un local où il y a de telles vapeurs, l'homme se trouvera beaucoup plus en sécurité par rapport aux inoculations toujours possibles, par ces insectes, de matière putride ou virulente.

De plus, pour le blanchîment des dalles, pierres à évier, conduites qui en laissent échapper les eaux, des vases dans lesquels on dépose tous les débris de cuisine et qui souvent forment sur leurs parois un limon épais, tenace, et que la brosse a souvent du mal à enlever, rien n'est précieux comme l'acide sulfurique en ces circonstances. Tous ces objets acquièrent, comme par enchantement, un état de propreté qui fait plaisir à voir. Du reste, les tonneliers emploient de plus en plus cet acide pour désinfecter leurs tonneaux, et nulle substance à cet égard ne peut dépasser la valeur de celle-là. Seulement, il ne faudrait point la laisser longtemps au contact des parois des vases quels qu'ils soient, car elle les corroderait vite, en les perçant. Enfin, on rincera à grande eau pour terminer l'opération.

En résumé, à tous les points de vue, on voit que l'emploi des acides chlorhydrique et sulfurique rendrait d'immenses services, d'abord à l'agriculture, ensuite à l'hygiène proprement dite.

§ XI. Les Dissolutions azotées et phosphatées ne peuvent pas être présentées liquides aux plantes. — Mais revenons à nos dissolutions que nous avons été un moment obligé de négliger :

Nous supposerons que nous avons azoté de l'acide sulfurique par exemple avec du chiffon de laine, du cuir, etc., ou bien que, s'il s'agit de dissolutions d'os dans l'acide chlorhydrique, cette première solution a été traitée par l'acide sulfurique. Dans l'un et l'autre cas, nous aurons obtenu un liquide très épais et, de plus, très acide encore, toutes conditions qui ne permettent pas de le distribuer ainsi aux plantes.

Il y a lieu même de profiter de cette situation pour lui faire subir des modifications qui, sans altérer ses propriétés, rendent au contraire l'engrais plus riche encore.

En effet, on s'aperçoit qu'ici la potasse surtout est peu représentée et les plantes en sont bien friandes.

D'autre part, les belles expériences de MM. Boussingault et Georges Ville nous disent que, pour qu'un engrais soit complet, il faut qu'il contienne quatre éléments fondamentaux : l'azote, les phosphates, la potasse et la chaux.

Enfin, nous ne nous préoccuperons pas outre mesure de la question de solubilité du produit, car les expériences pratiques aux champs démontrent que l'extrême solubilité des engrais serait même une condition défavorable dans certains terrains sablonneux par exemple, si, très peu de temps après l'application d'un superphosphate, il survenait une pluie abondante.

§ XII. **Le Superphosphate ne persiste pas à l'état soluble dans la terre arable.** — D'après M. Dehérain, ouvrage déjà cité page 278, l'expérience démontre que le « superphosphate ne persiste pas à l'état soluble dans le « sol, qu'il y rencontre bientôt soit du carbonate de « chaux, soit de l'alumine, soit de l'oxyde de fer, qui « se saisissent de son acide en excès et l'amènent à l'état « insoluble. Il est donc vraisemblable qu'ajouter des « phosphates acides à la terre arable, ce n'est pas y « placer une matière soluble devant servir directement « de nourriture aux plantes, comme ce serait le cas « pour un nitrate, mais c'est introduire du phosphate « sous une forme telle qu'après avoir été répandu dans « le sol plus régulièrement que s'il était insoluble au « moment de l'application, il se trouve bientôt précipité « sous forme gélatineuse, particulièrement favorable à « la formation de nouvelles combinaisons solubles ou « à la dissolution dans l'eau chargée d'acide carbo- « nique. »

§ XIII. **Dissolutions acides traitées par les cendres de bois.** — Ainsi donc, si l'expérience démontre que le superphosphate de chaux ne persiste pas à l'état soluble dans le sol, par suite de la présence de sels calcaires et d'autres bases, il n'y aurait nul inconvénient à faire immédiatement, et avant la mise en terre, cette transformation chimique qui, fatalement, doit s'y produire, sous telle forme que l'on distribue le superphosphate. C'est ce qui nous a suggéré l'idée de traiter nos dissolutions acides par de la cendre de bois de chauffage.

En effet, nous avons vu que, d'après les analyses, ces cendres contiennent de la soude, de la potasse et de la chaux à l'état de carbonate ; de plus, une proportion très notable de sous-phosphate de chaux, quelques sels de fer, de manganèse, de la silice, qui ont aussi été absorbés par les plantes. Par cette énumération, nous voyons qu'en utilisant de tels produits, nous rentrerons dans l'ordre d'idées que nous défendons actuellement, c'est-à-dire que nous donnerons encore à la terre ces sels alcalins et terreux qui, en général, sont si précieux. De plus, nous insolubiliserons en partie nos phosphates, c'est vrai, mais tout en les mettant dans les conditions citées plus haut et « particulièrement favorables à la formation de nou-« velles combinaisons solubles ou à la dissolution dans « l'eau chargée d'acide carbonique *(loco citato)*. »

Au contact de la cendre avec de telles dissolutions, il y a dégagement de chaleur par suite des réactions chimiques qui s'opèrent, et volatilisation d'une grande quantité d'eau qui produit d'abondantes vapeurs. L'acide carbonique des sels de soude, de potasse et de chaux s'échappe aussi sous forme de grosses bulles qui se forment à la surface du mélange, et le produit devient pâteux. Avec un excès de cendre, on amène le tout à l'état de poussière légèrement humide, mais qui peut être parfaitement prise entre les doigts, et par conséquent se trouve dans d'excellentes conditions pour l'épandage à la main.

§ XIV. **La Substance albuminoïde au contact des Sulfates.** — De grandes métamorphoses se sont produites dans notre opération : L'acide sulfurique en excès s'est emparé des bases représentées par la soude, la potasse et la chaux, pour former autant de sulfates de ces bases, ce qu'atteste le grand dégagement d'acide carbonique. Une certaine quantité de bi-phosphate sera certainement repassée à l'état de sous-phosphate, mais la matière albuminoïde qui se trouvait seulement dissoute dans l'acide sulfurique, va se trouver en présence de sulfates, c'est-à-dire de corps peu fixes, et par conséquent dans des conditions favorables au développement des combinaisons solubles.

§ XV. **Effet de la putréfaction sur les Substances albuminoïdes.** — La preuve que ces substances albuminoïdes ne sont encore ici qu'à l'état de dissolutions azotées, c'est que, si l'on prend une petite quantité de cet engrais, qu'on l'agite dans un flacon avec un peu d'eau, et qu'on abandonne ainsi le tout à l'air libre, la putréfaction ne tarde pas à s'en emparer. Il se forme alors du carbonate et du sulfhydrate d'ammoniaque reconnaissables à leur excessive mauvaise odeur, et aux dépens des substances albuminoïdes libres.

En même temps, on voit se produire à la surface de la solution une couche très épaisse, qui devient même très dense, de moisissures, en même temps que dans le liquide lui-même se développent de riches végétations cryptogamiques. On voit qu'ici l'ensemencement de M. Pasteur s'est fait dans les plus belles conditions : les germes en suspension dans l'atmosphère ont trouvé un riche terrain pour se développer, ce qui est déjà d'un bon augure quant aux espérances à concevoir pour la réussite des grains que nous-mêmes confierons à la terre en présence de ce produit azoto-phosphaté. En effet, il est d'expérience pratique que l'épandage de bon guano favorise, à la surface de la terre, la production de moisissures vertes que le cultivateur aime à constater dans ses champs nouvellement ensemencés. Comme dans notre flacon, c'est la substance azotée qui favorise ici le développement des cryptogames qui sont si répandus dans l'air ambiant.

§ XVI. **Expérience avec la Charrée.** — Une autre preuve expérimentale de la présence, à l'état libre, de la substance albuminoïde dans notre engrais, nous a été fournie par un fait qui, un jour, s'est produit dans un tonneau où il était contenu.

Au moment de sa fabrication, la cendre vint à nous manquer et nous avions de la charrée très humide à notre disposition. Cette substance se trouve encore riche des phosphates insolubles que contenait la cendre proprement dite, elle est seulement plus pauvre en sels alcalins par suite de la lixiviation. Nous l'employons donc telle à la production de l'engrais, avec l'espoir que le développement du calorique, qui est assez intense au contact de la solution avec la cendre, produirait assez de chaleur pour volatiliser l'eau qui se trouvait en excès dans notre charrée. Nous crûmes un moment avoir réussi en mettant l'engrais en barrique, lorsqu'au bout d'une quinzaine de jours, nous revoyons le produit que d'ailleurs nous surveillions. Une chaleur très grande s'était produite dans la masse, au point que la paroi du tonneau en était tiède. En même temps, une odeur acide et aigre se dégageait. Nous en conclûmes que, sous l'influence de l'humidité, l'engrais, après s'être refroidi, consécutivement, au contact de la charrée avec l'acide sulfurique, avait vu la chaleur de nouveau se former, par suite de la fermentation des matières azotées. Mais ici cette réaction était d'autant plus mauvaise, que l'odeur aigre qui s'échappait prouvait le développement d'une certaine quantité d'acide acétique, substance éminemment défavorable à la végétation.

A tous les points de vue, dans cette fabrication, il vaut donc mieux ne se servir que de cendre bien sèche, surtout si l'on ne doit pas employer immédiatement l'engrais.

D'un autre côté, comme nous envisageons toujours la question au point de vue de l'utilisation la plus judicieuse possible de produits divers, si, en l'absence de cendre, on n'avait que de la charrée à sa disposition, nous conseillerions de ne pas la laisser dehors au pied des bâtiments, où n'est que trop souvent sa place actuellement. Plus elle sera nette d'eau pour l'opération que nous préconisons, meilleure elle se trouvera au point de vue de la conservation ultérieure de l'engrais.

Nous constatons même en ce moment (juillet 1880) que tous nos ensemencés du printemps, orge, vesce, pois, ont donné les plus beaux résultats avec des solutions traitées exclusivement par la charrée bien sèche.

§ XVII. **Le Plâtre peut être substitué à la cendre comme excipient des solutions.** — Au lieu de cendre, on pourrait avoir recours au plâtre qui, ainsi qu'on le sait, est du sulfate de chaux, uni à une assez forte proportion de carbonate de la même base. Il y aurait dans cette action dégagement d'acide carbonique, production d'un peu d'acide sulfhydrique reconnaissable à l'odeur d'œufs pourris et formation d'une substance pulvérulente, comme dans le premier cas. Nous possédons de très beaux échantillons de solutions traitées par le plâtre avec production de nombreux cristaux de sulfate d'ammoniaque.

Du reste, la cendre ou le plâtre considérés comme excipients pourraient, à la rigueur, être remplacés simplement par de la terre sèche.

§ XVIII. **Mode de fabrication des Engrais solubles.** — Il nous reste à expliquer les moyens pratiques que nous employons pour fabriquer notre engrais :

Disons d'abord que nous nous servons de grands vases en grès que nos fermiers emploient pour la conservation de la viande salée. On sait d'ailleurs à cet égard qu'on ne pourrait pas, pour de telles opérations, utiliser des vaisseaux en bois, en fer ou en zinc ; ils seraient aussitôt percés. Pour les dissolutions d'os, au fur et à mesure que nous en avons de disponibles, ces derniers sont plongés aussitôt dans l'acide chlorhydrique; de cette façon, jamais on n'a lieu d'être incommodé par leur mauvaise odeur. On en ajoute jusqu'à ce qu'on obtienne un liquide très épais, de couleur jaunâtre.

Quant aux dissolutions azotées dans l'acide sulfurique, nous humectons simplement du chiffon, du cuir, etc., avec l'acide, et en quelques jours le tout forme une bouillie très consistante.

Ces deux résultats obtenus, ce qui demande un certain nombre de jours, moindre pour la laine que pour les os dont la dissolution est bien plus lente, les solutions chlorhydrique et sulfurique sont mélangées, remuées exactement pour chasser l'acide chlorhydrique, avec un morceau de bois en forme de sonde, puis livrées à la cendre, qui termine l'opération. Comme nous l'avons dit, on ajoute de cette dernière jusqu'à ce que l'on obtienne une poussière encore légèrement humide, mais parfaitement susceptible d'être semée.

Il est encore une observation qui sera susceptible de nous être faite, relativement à la manipulation des acides. On nous objectera peut-être que le transvasement de substances aussi corrosives pourrait avoir de grands inconvénients entre les mains de gens inexpérimentés et qui ne prendraient point en cette circonstance toutes les précautions recommandées par la plus vulgaire prudence. Nul doute qu'il ne faille apporter ici de l'attention pour ne pas laisser projeter sur soi quelque acide. Mais, à la rigueur, ne serait-il pas possible de se servir de siphons en verre trempé qui plongeraient directement dans les touries pour les vider?

De même, si les essais étaient fructueux, au lieu d'opérer les dissolutions dans des vases en grès et qui ne laissent pas néanmoins d'être une cause de perte par le bris qu'on en fait, on pourrait organiser chez soi, dans quelque recoin, une sorte de réservoir en briques bien cuites, ce qui éviterait l'emploi multiple de ces vases toujours plus ou moins encombrants.

Enfin, s'il s'agissait d'un clos d'équarrissage, un outillage *ad hoc* et complet serait nécessaire. Mais, pour toute personne qui voudrait par exemple utiliser quelques chiffons de laine au profit d'un petit coin de terre, un seul pot en grès et quelques litres d'acide sulfurique, voilà tout ce qui lui serait nécessaire. Pour quelques sous, du tout elle sera quitte.

CHAPITRE IV

§ Ier. **Traitement des Viandes de clos d'équarrissage par l'acide sulfurique.** — Jusqu'ici nous n'avons parlé que de la façon de traiter les os et les produits secs sortant de l'industrie, qui, d'ailleurs, ne sont autres que des produits animaux, comme laine, cuir, soie, etc. Quant à la chair musculaire elle-même, nous n'en avons encore rien dit. La question n'en est pourtant pas moins intéressante et mérite, dans cette étude, de faire l'objet de toute notre attention.

§ II. **La création des Abattoirs a rendu de grands services à l'hygiène.** — Depuis nombre d'années déjà, l'on se préoccupe, au point de vue de l'hygiène, de la question ou d'enfouissement des animaux morts ou de leur transport à des abattoirs. Il faut reconnaître que la création de tels dépôts a rendu un service immense aux populations des campagnes, qui ne sont plus infectées comme autrefois par la présence dans les champs de cadavres d'animaux sur lesquels venaient se repaître les chiens, les oiseaux de proie et les mouches, au grand détriment de la salubrité publique. Sous ce rapport, une révolution heureuse s'est opérée, le fait est incontestable; aussi, si nous nous permettons de toucher à cette question, ce n'est pas, nous le proclamons bien haut, dans l'espoir de battre en brèche cette industrie qui rend de réels services, non, c'est pour voir si là il n'y aurait pas quelque innovation heureuse à tenter en Eure-et-Loir, quelque réforme à effectuer quant au mode d'utilisation des débris cadavériques.

En effet, si l'hygiène se trouve aujourd'hui jusqu'à un certain point satisfaite, d'autres intérêts également chers au cultivateur ne le sont guère. Ainsi, quand on pense que, lorsque ce dernier vient à perdre un cheval, une vache, etc., il en reçoit seulement le prix de la peau! Ce n'est même pas lui qui l'établit, ce prix, il prend ce qu'on daigne lui accorder, et tout est dit. Mais appréciez donc, vous tous qui comprenez maintenant la valeur de l'azote et des phosphates, qui savez où se trouvent ces substances, appréciez donc avec nous, en connaissance de cause, ce qu'à ce point de vue vous perdez lorsqu'il vous meurt une tête de gros bétail!

C'est vrai, allez-vous nous répondre, mais le moyen de faire mieux, où est-il? Essayons donc et voyons ensemble.

§ III. **Effet de l'Acide sulfurique sur les Substances animales humides.** — En présence de l'action si remarquable de l'acide sulfurique sur les matières animales sèches, il était intéressant de constater comment il se comporte vis-à-vis des substances humides, qu'elles soient complètement liquides comme le sang, ou solides comme la chair musculaire, les tendons, etc.

On prévoit tout de suite que l'effet devra être le même, pourquoi en serait-il autrement? Il dissoudra donc le tout pour former comme avec la laine des produits de nature albumineuse, par conséquent très azotés. Aussi, que l'on mette, dans un vase de terre peu cuite, un morceau de viande dans de l'acide sulfurique, il se dissoudra, et l'on ne tardera pas à voir de beaux cristaux de sulfate d'ammoniaque venir s'effleurir sur la paroi extérieure du vase. De là, toutefois, à une pratique qui consisterait à solubiliser complètement toute la chair musculaire d'un animal, il y a loin, et le produit pourrait devenir coûteux en raison de la grande quantité d'acide nécessaire. C'est pour parer à cet inconvénient que nous avons fait quelques essais qui nous paraissent assez concluants. Les voici : Qu'on sache d'abord que, pour le sang, l'acide sulfurique le coagule. Nous avons voulu ensuite voir comment se comporteraient les tissus soumis seulement à une imbibition d'acide sulfurique. Nous avons donc pris des morceaux de tendons de cheval qui sont, comme on le sait, excessivement denses, des lambeaux de muscles, et les avons trempés dans l'acide. Nous avons même, un jour, utilisé le délivre frais d'une vache qui venait de mettre bas. Or, l'on sait comme quoi les membranes qui le constituent entrent facilement en putréfaction, au point que, si l'on jette sur le fumier une pareille matière animale, l'air ne tarde pas à en être empoisonné, surtout par un temps un peu chaud et humide. Ce délivre a été mis dans un plat creux et arrosé d'acide sulfurique dans la proportion du sixième de son poids environ, puis abandonné pendant un an à l'air libre. L'opération commençait en février, et s'est continuée pendant toutes les chaleurs de l'été, bien entendu. Voici ce qui s'est passé :

Pendant plusieurs mois, cette substance animale a conservé sa blancheur nacrée en exhalant l'odeur si caractéristique qu'on lui connaît. C'est dire qu'aucune décomposition de nature ammoniacale volatile ne s'est produite. Ainsi, pas de carbonate ni de sulfhydrate d'ammoniaque, rien de tout cela; mais aujourd'hui, douze mois après l'immersion dans l'acide, la substance s'est transformée en une sorte de beurre noir analogue au fumier bien décomposé, mais d'une consistance plus molle. Certains vaisseaux ont conservé leur aspect tubulé extérieur. Si on les touche avec un corps quelconque, on voit qu'ils ne sont plus qu'une sorte de bouillie un peu épaisse, un véritable *magma,* mais qui, chose surprenante, rappelle toujours l'odeur du délivre. Le tout néanmoins est fortement acide et rougit le papier de tournesol. Même effet s'est produit avec des intestins de volaille, ils sont tombés en *deliquium* sans donner de mauvaise odeur.

Nous avons traité de la même façon des cadavres de souris, de mulots, qui ont été broyés avec de l'acide sulfurique, le résultat a été identique : aucune réaction putride ne s'est opérée. Même effet sur les tendons qui sont restés à la longue, sinon complètement imputrescibles, du moins en n'exhalant qu'une légère odeur de rance. Leur structure enfin s'est modifiée et ils se sont transformés en une sorte de graisse.

Ainsi, l'acide sulfurique, qui imbibe seulement les tissus morts des animaux, les réduira en bouillie s'ils sont par eux-mêmes d'une nature molle, ou les laissera tels s'ils sont compactes, mais toujours sans donner lieu à aucun phénomène de putréfaction. Tel est le point capital de la question.

Un pareil résultat nous semble donc précieux, en ce sens que nous croyons par là pouvoir avancer qu'il y a ici un moyen à mettre à profit pour traiter en grand les débris cadavériques. Au lieu de chercher à les faire dissoudre complètement, on imbiberait d'acide sulfurique tous les tissus déchiquetés en lambeaux par des instruments *ad hoc;* le tout serait ensuite praliné dans la cendre ou le plâtre et jeté dans les champs. Les os, bien entendu, continueraient à être traités par l'acide chlorhydrique.

De cette façon, on supprimerait *ipso facto* toutes ces émanations putrides qui sont si désagréables pour les riverains des abattoirs, lorsqu'on y prépare les viandes. On ne verrait même plus ici des quantités parfois considérables d'os entassés, qui ne laissent pas que de dégager encore une odeur méphitique.

§ IV. **Heureuse influence de l'initiative privée.** — Sans doute il sera difficile de faire adopter de semblables pratiques là où l'initiative privée n'ira pas de l'avant. Néanmoins, il ne faut pas désespérer en Eure-et-Loir, quoique, dans ce département, des essais d'un autre genre, mais nés sous la même inspiration, aient rencontré cette critique systématique qui annihilera toujours les meilleures intentions. La question ici aurait d'autant plus de chances de réussir que déjà des industries plus ou moins semblables à ce que nous nous proposons, fonctionnent dans certaines grandes villes de France notamment. Il suffirait donc simplement de généraliser le fait, croyant d'ailleurs en cela qu'à tous les points de vue, de l'hygiène notamment, on ne pourrait retirer que des avantages de l'utilisation de pareils procédés.

§ V. **Les Engrais azotés et phosphatés sortis temporairement de la ferme sous forme de matières animales mortes, devraient y rentrer.** — En définitive, ce que nous désirerions, c'est que les substances phosphatées et azotées, momentanément sorties de nos exploitations par le fait de la mortalité du bétail, y revinssent pour rémunérer le cultivateur de ses pertes. Toutefois, nous ne conseillerons pas aux fermiers de laisser faire cette besogne chez eux, si un animal meurt, d'en traiter la chair et les os par les acides. En effet, on pourrait se heurter à des difficultés d'un autre genre, mais d'une très grande importance. On voit que nous avons en vue les maladies contagieuses. Ne pourrait-il pas arriver qu'un cultivateur venant à perdre une vache, par exemple, qu'il croirait morte d'un simple coup de sang, lorsque ce pourrait être le sang de rate, autrement dit le charbon, ne s'exposât à propager ainsi, à son insu, la maladie chez lui ? Ce qu'il y a à craindre ici, en effet, ce sont les émanations qui s'échappent du cadavre, d'autant plus qu'à ces dernières la science aujourd'hui donne un corps jouissant de propriétés prolifiques extraordinaires. Rien de plus dangereux. D'autre part, on peut se blesser en opérant, ou avoir, sans y faire attention, quelques écorchures aux mains et ouvrir ainsi sur soi-même la porte à la contagion, comme nous en avons vu trop d'exemples.

La question est donc grave assurément, et un intérêt bien compris commandera toujours au cultivateur d'agir avec la plus grande circonspection, c'est-à-dire de s'entourer des lumières de la science en consultant un vétérinaire dans tous les cas de mortalité. Il verra qu'il sera sage de sa part de ne point faire procéder chez lui à l'ouverture des cadavres et à la préparation de leurs débris, mais de laisser cette besogne à l'équarrisseur voisin qui, avec l'habitude qu'il a d'un tel travail, l'exécutera mieux que n'importe quelle autre personne. Plus tard, ce dernier restituerait en poids les engrais sous forme d'os dissous et de chairs imbibées d'acide sulfurique, puis mélangées à un excipient convenable.

Mais, ne va-t-on pas encore nous objecter que si des

débris cadavériques provenant d'animaux charbonneux par exemple, bien que traités par les acides, étaient utilisés trop tôt, leur emploi néanmoins pourrait devenir dangereux ?

La question mérite un examen sérieux.

Déjà les probabilités en faveur des procédés que nous préconisons nous semblaient acquises, lorsque notre savant maître, M. le professeur Colin d'Alfort, est venu, dans la séance de l'Académie de médecine du 4 novembre 1879, traiter le sujet.

Il affirme, dans un travail ayant trait à la conservation du pouvoir virulent des cadavres et des débris charbonneux, que la virulence charbonneuse, au nombre des autres agents qui concourent à sa destruction, compte les *acides*. Il ajoute que cette propriété n'est pas un fait exceptionnel, mais un fait constant prouvé par la stérilité des inoculations de tous les produits charbonneux modifiés d'une manière quelconque par des agents énergiques.

Voilà des assertions rassurantes, surtout pour la Beauce, toujours si éprouvée par la terrible maladie carbonculaire. Cette contrée, d'ailleurs, aura d'autant plus de mal à se débarrasser du plus cruel ennemi de sa culture qu'avec l'enfouissement des cadavres de ses moutons (le gros bétail, nous le reconnaissons, est mené aux abattoirs), qu'avec cet enfouissement, disons-nous, la contagion ne semble pas éteinte pour cela.

M. Pasteur, en effet, affirme de son côté (Séance de l'Académie de médecine du 11 novembre 1879), que là où l'on a enfoui un mouton charbonneux, un an après, la surface de cette terre contient des milliers de germes. Ces résultats, il est vrai, sont mis en doute par M. Colin. Mais néanmoins, quelle que soit l'issue de ce tournoi scientifique, ni l'un ni l'autre des deux contradicteurs ne blâmera, nous en sommes sûr, l'emploi de l'acide sulfurique dans le traitement de tels cadavres.

Notre vénéré maître, M. Henry Boulay, de l'Institut, dans sa Chronique du 15 novembre 1879, du *Recueil de Médecine vétérinaire*, propose leur crémation, la peau y comprise, ou, à défaut de fours, l'enfouissement. Mais il a le soin d'ajouter que, pour empêcher la contagion de sortir des fosses, « un moyen efficace, sans doute, d'ar-
« river à ce résultat, serait ou de mélanger de la chaux
« vive aux couches superficielles de la terre des fosses,
« ou de les arroser avec un liquide capable, par son
« action propre, de détruire l'activité des germes avec
« lesquels on le mettrait en rapport. A tous ces points
« de vue, dit-il, il y a des expériences à faire, pour faire
« produire, dans la pratique, tous ses fruits à l'œuvre
« du laboratoire. »

Pour nous, nous proposons donc déjà de bien imprégner tous les tissus animaux d'acide sulfurique, après que les chairs auront été réduites en une sorte de pâte par des instruments spéciaux, puis, pour plus de sécurité, attendre un certain temps, plusieurs mois par exemple, pour être sûr que l'acide a bien imbibé jusqu'à la plus petite parcelle des tissus animaux. Le tout serait alors mélangé à un excipient pour être jeté dans les champs.

§ VI. **Des Sociétés coopératives.** — C'est ici, par exemple, que des Sociétés coopératives, comme on les comprend si bien en Angleterre, et comme quelques exemples déjà nous sont donnés à Paris, notamment, rendraient de grands services.

Si, dans ce cas-là, un certain nombre de cultivateurs savaient se grouper, nul doute qu'ils retirassent de gros bénéfices de semblables associations. A tout le moins, leurs pertes seraient ainsi considérablement atténuées.

Quel que soit donc le résultat de nos observations, il n'en reste pas moins établi que l'agriculture a tout avantage aujourd'hui à demander à l'industrie qu'à l'avenir toutes les matières animales soient traitées par les acides. Espérons que notre appel sera entendu.

CHAPITRE V

---

§ Ier. — **Essais aux champs des Engrais provenant des substances animales traitées par les acides. Blé.** — Une fois sur la voie des solubilisations, nous avions hâte, on le pense bien, de faire l'essai aux champs de nos engrais. L'année 1878 a été particulièrement favorable à une pareille démonstration. Elle a été humide, chaude, toutes conditions propices pour de semblables épreuves. A l'automne 1877, nous nous étions déjà mis à l'œuvre. Notre premier essai a été fait sur du blé. L'engrais provenait de dissolutions très concentrées dans l'acide sulfurique, avec adjonction de cendre.

Dans un endroit spécial du champ, nous l'avons semé seul et dans la proportion environ de 400 à 450 k. à l'hectare, lorsque le surplus de la pièce de terre avait été fumé avec de l'engrais de ferme en y ajoutant 200 k. de guano à l'hectare. Partout le blé est devenu de toute beauté et même a foudré par places. Bien nous en a pris d'ailleurs de n'avoir pas sur tout le champ forcé la dose, car nous n'eussions rien récolté. Ainsi, dans un endroit où la terre n'a pas de profondeur, l'exagération de l'engrais a produit tout l'hiver une végétation des plus luxuriantes, mais, aux premières chaleurs, le blé a jauni et, finalement, est mort sur place. Il a succombé à la maladie que les physiologistes appellent la pléthore. La plante, en effet, s'est tellement gorgée de principes nutritifs, que sa constitution s'en est trouvée altérée et, comme on le dit vulgairement, le blé a brûlé.

Cet effet, d'ailleurs, se produit avec les engrais très-riches en azotes et en phosphates, lorsqu'on abuse de la dose, surtout dans les terrains siliceux. Il est certain que cette dernière doit être sagement mesurée, si l'on ne veut pas se préparer des mécomptes. Aussi croyons-nous qu'en toute circonstance la dose de 400 k. à l'hectare est bien suffisante.

Toutefois, nous pouvons ajouter que le blé dont nous venons de parler est resté de toute beauté quant à la paille, quoiqu'il eût été jeté trop de semence dans le champ, et quatre-vingts douzaines de gerbes à l'hectare ont produit neuf sacs de grain. Ce rendement paraîtra faible, mais chacun sait combien les pluies du printemps ont fait de mal à la floraison. Du reste, il est de notoriété publique que le blé récolté en 1878 n'a point rendu au battage. Les plaintes des cultivateurs à cet égard ont été unanimes. Le rendement en paille devait assurément mieux faire augurer de la récolte.

§ II. **Orge.** — Nos essais ont été continués sur de l'orge. Ici, l'effet a été remarquable ! Deux champs de quatre-vingt-quatre ares de terre, au total, étaient à notre disposition. L'un, devant recevoir de la luzerne, a été fumé copieusement avec du fumier de ferme ; l'autre a reçu 200 k. de notre engrais. Dans le premier, après une récolte de blé qui ne devait pas encore avoir épuisé tout l'engrais qui lui avait été donné, trois labours ont été donnés pour bien ameublir la terre et la préparer à donner de la prairie. Le second n'a reçu qu'un seul labour, et ce champ, dans les trois années précédentes, avait donné du blé, du trèfle et du seigle. Pour cette dernière récolte, il avait reçu de la poudrette provenant d'un mélange de chaux vive et de matières fécales, produit insoluble, peu azoté et qui faisait en ce moment le sujet d'une étude de notre part. Aussi ne croyons-nous pas qu'après une récolte de seigle qui a été ordinaire, cet engrais soit susceptible d'avoir pu modifier sensiblement les résultats de la récolte de 1878.

En tout cas, celle de nos deux champs qui avaient été travaillés bien inégalement, puisque l'un avait reçu deux labours de plus que l'autre, a été identiquement la même à une gerbe près. Celui au guano a donné cent quatre-vingt-dix gerbes et l'autre cent quatre-vingt-onze, qui ont produit seize hectolitres vingt-cinq litres d'orge à l'ancien arpent de quarante-deux ares.

§ III. **Vesce.** — Si du grain nous passons aux prairies, l'effet sera encore plus saisissant, en ce sens que, ne visant pas à la production de graines quelconques, nous avions cru ne pas devoir employer autant de guano. Nous nous sommes donc contenté de la dose de 200 k. à l'hectare sur de la vesce d'hiver et deux lots de vesce de printemps ensemencés à un mois d'intervalle. Dans ces trois champs, le résultat a été identique : nous avons eu des prairies de la plus luxuriante beauté. Un vert foncé caractérisait la plante dès sa naissance, puis elle poussait avec une vigueur extrême, pour atteindre enfin la hauteur d'un mètre. Ayons toutefois le soin d'ajouter encore que la température était très favorable, en raison de l'humidité et de la chaleur. Quoi de mieux pour procéder à de tels essais ?

Il s'est même passé dans un champ un phénomène curieux de végétation et qui prouvait comme quoi celle-ci marchait avec une activité très intéressante à observer :

Le hasard avait voulu qu'une véritable forêt de chardons se développât en même temps que la vesce, mais on a raison de dire que cette légumineuse triomphe de toutes les mauvaises herbes. En effet, la vesce ne tarda point à prendre tous corps à corps lesdits chardons, et, s'en servant comme de tuteurs, elle continua de végéter avec une force extrême. Le fait était d'autant plus digne d'intérêt que, depuis quatre ans, le champ n'avait reçu aucune fumure, et que dans nos pays personne ne s'aviserait, croyons-nous, dans de telles conditions, de semer de la vesce sans fumier, car cette plante passe pour exigente, surtout si elle vient à graine.

Quant à nous, il nous a été fait le reproche de n'avoir pas laissé venir le grain à maturité, tant le plan était beau.

§ IV. **Pommes de terre.** — Au printemps, nous avons ensemencé un petit coin de terre des plus maigres, en pommes de terre.

Le terrain bien préparé, des raies ont été tirées à la charrue et, de distance en distance, on a semé à la main un peu d'engrais. Le tubercule a été posé sur lui; puis la charrue a recouvert le tout.

Les pommes de terre ont végété d'une façon admirable, malgré une extrême sécheresse en juillet et qui a contrasté d'une façon si malheureuse avec l'abondance des pluies pendant la moisson. Nous avons récolté six hectolitres quatre-vingts litres du tubercule dans dix-huit ares soixante-quinze centiares de terrain, ce qui donne une proportion de trente-six hectolitres à l'hectare.

§ V. **Haricots, Maïs.** — Quelle que soit cette dernière récolte, la levûre n'avait pas été bonne à cause de l'humidité qui avait transformé le bas du petit champ en une véritable flaque d'eau. Certains pieds de semence étaient donc pourris, et le beau temps revenu, sur leur emplacement, on a fait des haricots qui sont venus de la plus belle façon, voire même du maïs, qui s'est développé d'une façon également luxuriante. L'engrais, comme on le voit, s'était conservé.

Mais, revenons à nos pommes de terre, car à leur propos nous avons une observation à présenter. Un voisin avait un terrain près du nôtre et vierge de culture depuis longtemps. Sur une portion, il avait fait conduire de la terre provenant d'un jardin dont on enlevait la couche végétale en entier. N'ayant pu en couvrir le tout, il se hâta néanmoins, après labour, de semer des pommes de terre, quitte pour si peu à ne mettre même aucun engrais sur la petite portion de terrain restée ainsi privée de toute matière fertilisante. Dans celle-ci, ce fut de la semence perdue, aucun tubercule ne se forma et la récolte fut considérée comme nulle. Là au contraire où la terre de jardin avait été mise, de beaux tubercules et en quantité se développèrent.

Nous avons cité ce fait pour prouver, qu'à conditions égales, quant à la nature de la terre, l'expérience ayant eu lieu en même temps de part et d'autre, là où il n'y a eu aucun engrais, on n'a pas eu de récoltes, tandis qu'à côté, comme chez nous d'ailleurs, où le terrain avait reçu un engrais complet, quoique les pommes de terre n'aient pas besoin d'azote, le tubercule a produit dans de belles conditions. Ce fait nous paraît irréfutable au point de vue de l'effet favorable produit par notre guano.

Enfin, il reste acquis, d'une façon incontestable, que les solutions d'os, de chiffons de laine, de cuir, de plume, de corne, etc., dans l'acide sulfurique, et traitées par la cendre ou la charrée, donnent un produit suffisamment soluble et qui convient parfaitement aux plantes.

§ VI. **Fleurs.** — Quant aux fleurs, les effets sont identiques. Pour celles qui sont en pot, plein une cuiller à café ou à bouche, suivant leur force, voilà tout le nécessaire.

Un jeune laurier à fleurs blanches *(Nerium oleander Lin)* ayant ses feuilles jaunes, signe d'anémie, vit renaître ses forces en prenant une couleur vert foncé sous l'influence d'une cuillerée à bouche d'engrais soluble au pied.

D'un autre côté, il est certaines plantes plus délicates les unes que les autres. Celles-là ne devront point chômer d'eau, car avec les engrais dissous l'absorption marche avec beaucoup de force et il faut de l'eau pour répondre à l'activité de la sève.

Mais, il ne suffit pas qu'un engrais soit bon, on en trouve en effet de semblables à toutes les portes aujourd'hui, c'est le prix qu'il coûte qui doit être pris en considération. Le fait est d'autant plus capital que presque tous nos cultivateurs sont arrêtés dans leurs bonnes intentions par l'exagération de la valeur attribuée à tous les engrais du commerce. Que de fois n'avons-nous pas entendu des plaintes comme celle-ci : « Ah ! si nous pouvions seulement avoir de bons engrais solubles à 20 fr. les 100 k., comme on en jetterait dans la terre ! »

CHAPITRE VI

---

§ Ier. **Prix des Engrais provenant de dissolutions azotées et phosphatées traitées par les cendres de bois.** — Nous donnons ci-contre les résultats que nous avons constatés pour la campagne 1878-1879. Notre culture étant très restreinte, on ne s'étonnera donc point de la petite quantité relative de substances employées :

Os	78 k.	220
Acide chlorhydrique	70	»
Laine, cuir, etc.	31	500
Acide sulfurique	90	»
Cendre	305	510
Total	575 k.	230
Guano obtenu	485 k.	300
Perte par évaporation	89	930
Reste	395 k.	370

PRIX DE REVIENT :

Os, 78 k. 220 à 0 fr. 08 = ...	6 fr.	25
Acide chlorhydrique, 70 k. à 0 fr. 07 = .	4	90
Laine, cuir, etc., 31 k. 5 à 0 fr. 05 = .	1	57
Acide sulfurique, 90 k. à 0 fr. 085 = .	7	65
Emballage des touries	8	»
Transport	7	25
Cendre à 8 fr. l'hectolitre pesant 55 k. 750 ou 305 k. 51 ou 5 hectolitres 48	43	84
Manutention, à 1 fr. des 100 k.	4	85
Total.	84 fr.	31

Ainsi, pour 84 fr. 31 c. de dépenses, nous avons obtenu 485 k. 300 de guano ou 0 fr. 1737 le kilogramme ou 17 fr. 37 les 100 k. Mais, comme on l'a déjà remarqué, toutes nos substances ont été payées au prix du marché. Or, ce n'est pas sur ce terrain là que nous nous sommes placé dans ce travail, *puisque nous avons au contraire pour but, et qu'on s'en pénètre bien, d'utiliser une foule de débris qui, aujourd'hui, ne le sont pas.*

Aussi, les résultats seraient bien autrement importants, si l'on n'était pas obligé de payer les matières azotées et phosphatées, ni même la cendre, attendu que dans tous les ménages on en produit.

Supposons donc ici, dans les chiffres que nous avons présentés, qu'on supprime le prix des os et de la laine, ainsi que celui de la manutention. Nous aimons à croire en effet que le fermier qui consentirait à se livrer à cette fabrication ferait lui-même, comme nous, ses dissolutions, s'il ne s'agit que de traiter des os de boucherie ou des chiffons de laine, du cuir, etc. Supposons même qu'il n'ait de disponible que la moitié de la cendre dont nous venons de parler, que par conséquent il ne soit obligé d'acheter que l'autre moitié, on arrivera ainsi à ce résultat :

Prix des os	6 fr.	25
— de la laine, du cuir, etc.	1	57
— de la cendre	21	92
Manutention	4	85
Total	34 fr.	59

qui, déduits de 84 fr. 31, ne portent plus la dépense qu'à 49 fr. 72, prix alors de revient de nos 485 k. 300 de guano, ce qui le porterait à 0 fr. 1025 le kil. ou 10 fr. 25 les 100 kil.

Ainsi, tous ceux qui se préoccupent des besoins de la terre, devraient voir, par ce chiffre minime, comme quoi chacun aurait essentiellement intérêt à conserver scrupuleusement tout ce qui, pouvant contenir de l'azote et des phosphates, se trouve par conséquent susceptible de fournir du guano.

CHAPITRE VII

§ Ier. **Teneur en azote et en phosphate des Engrais obtenus avec les dissolutions.** — Il ne sera pas non plus sans intérêt de connaître la teneur en azote et en phosphate de l'engrais ainsi obtenu. Nous négligerons les phosphates de la cendre, qui sont pourtant loin d'être à dédaigner, mais en cela, comme la qualité de ce produit est très variable, nous allons nous attacher spécialement au phosphate de chaux des os ainsi qu'à leur azote.

§ II. **Recherche de l'Azote des os. Azote contenu dans 78 k. 220 d'os.** — La chimie nous indique que les os sont composés, outre une partie terreuse, de tissu cellulaire dans la proportion de 51 pour 100. On peut donc déjà établir cette proportion :

Os.	Tissu cellulaire.		Os.	Tissu cellulaire:
100 :	51	: :	78 k. 220 :	X

d'où $X = \frac{51 \times 78 \text{ k. } 220}{100} = 39$ k. 89 tissu cellulaire contenu dans 78 k. 220 d'os. D'un autre côté, nous savons que ce principe élémentaire de tous les organes peut être rapporté à la fibrine du sang. Comparons-le donc à cette substance :

Fibrine animale.	Azote.	Tissu cellulaire.	Azote.
100 :	16,6 : :	39 k. 89 :	X

d'où $X = \frac{16.6 \times 39 \text{ k. } 89}{100} = 6{,}62$, donc nos 78 k. 220 d'os contiennent 6,62 d'azote.

§ III. **Phosphate de chaux des Os.** — Passons maintenant à la détermination du phosphate de chaux de ces mêmes os. On sait que 100 d'os contiennent 37 de sous-phosphate de chaux, les 78 k. 220 contiendront donc 78 k. 220 $\times$ 0 37 = 28 k. 94.

Ainsi que nous l'avons expliqué, il faut que ce sous-phosphate de chaux perde la moitié de la chaux qui le constitue pour passer à l'état de bi-phosphate ou de super-phosphate. Pour cela, nous devons au préalable rechercher la quantité totale de chaux que contiennent les 28 k. 94 de sous-phosphate.

On sait que 100 de sous-phosphate contiennent 44,38 de chaux, on aura donc :

Sous-Phosphate.	Chaux.	Sous-Phosphate.	Chaux.
100 :	44,38 : :	28 k. 94 :	X

d'où $X = \frac{44.38 \times 28\ 94}{100} = 12{,}84$. Ainsi, 28 k. 94 de sous-phosphate de chaux contiennent 12,84 de chaux.

L'acide chlorhydrique s'emparera de la moitié de cette dernière pour la faire passer à l'état de chlorure de calcium, ou 6,42 et la même quantité se trouvant unie à tout l'acide phosphorique du sous-phosphate primitif, donnera le bi-phosphate. Ainsi, défalquons 6,42 de 28,94, il restera 22 k. 52 de bi-phosphate de chaux contenus dans les 78 k. 220 d'os.

§ IV. **Azote de la Laine. Recherche de l'Azote contenu dans 31 k. 5 de laine.** — M. Dehérain, dans son ouvrage de chimie agricole, porte, page 476, les chiffons de laine en tête d'un tableau très intéressant à consulter, à 17,98 pour 100, leur teneur en azote.

31 k. 5 de laine contiendront donc 0,1798 × 31 k. 5 = 5,66 d'azote.

En récapitulant, on a :

Azote des os	6,62
Azote de la laine	5,66
Total.	12,28

de l'azote contenu dans l'engrais.

Bi-phosphate des os : 22,52.

Nos 485 k. de guano contiendront donc de l'azote dans la proportion de 2,53 pour 100 et du phosphate de chaux soluble dans celle de 4,64 pour 100 sans compter celui de la cendre.

Il faut savoir aussi mettre en ligne de compte celui qui entre normalement dans la constitution de nos 31 k. 5 laine, cuir, etc., et 39 k. 89 tissu cellulaire des os. Ces produits divers, en effet, ne sont autres que de la fibrine qui, ainsi que nous l'avons vu, ne peut se constituer sans le concours des phosphates.

Au prix qu'a été coté l'acide sulfurique, on a dû voir comme quoi il est d'un prix excessivement bas : 8 fr. 50 les 100 k.

Son degré de force s'en est ressenti, il ne dissolvait pas la laine avec toute la puissance qu'on eût souhaitée.

Aujourd'hui, nous payons 18 fr. un acide à 66° qui remplit parfaitement le but désiré. Aussi, dût l'engrais coûter plus cher, nous conseillerons des acides concentrés, si surtout l'on se sert de dissolutions azotées dans l'acide sulfurique, pour être ultérieurement traitées par la cendre ou la charrée.

§ V. **Effet de l'Acide sulfurique concentré sur la laine.** — Voici ce qui se passe au contact du chiffon avec cette substance : Une chaleur intense se développe, de la vapeur d'eau s'échappe du vase en grès où l'on fait l'expérience, elle gonfle le liquide qui, devenant mousseux, passe rapidement par dessus bord, à l'instar d'une eau gazeuse. En raison de cela, pour agir prudemment, il est bon, si une certaine quantité d'acide se trouve dans un vase, de ne mettre du chiffon que peu à peu, de façon à rester maître du liquide qui se boursoufle, mais ne déborde pas. Il nous paraît préférable d'humecter simplement la laine avec l'acide et d'ajouter de ce dernier jusqu'à ce que le tout forme uue bouillie très épaisse. Cette dernière alors sera mélangée à la cendre et l'on obtiendra le puissant engrais dont nous avons détaillé tout au long les résultats.

§ VI. **Les Dissolutions de laine seule, au point de vue des Phosphates, satisfont la végétation.** — Nous ne parlons point de phosphates dans ces dissolutions essentiellement azotées, nous ne nous en préoccupons pas, car, sous ce rapport, il y aura toujours dans la laine de quoi contenter les plantes. L'expérience s'est prononcée à cet égard. Aussi, encore une fois, de tels résultats devraient être encourageants pour tous, et en particulier pour les personnes qui ont des chiffons de laine à leur disposition, puisqu'avec un peu d'acide sulfurique et de cendre du foyer, elles peuvent obtenir un guano très riche et sans mauvaise odeur.

Quelle que soit donc la position où l'on se trouve, depuis la jeune fille économe qui ramasse soigneusement ses chiffons pour les vendre, jusqu'à la dame de salon qui, aimant les fleurs, ne se préoccupe pas moins de la question de connaître les substances qui peuvent leur être agréables, chacune d'elles, nous en sommes sûr, en son particulier, voudra faire un petit essai. En fin de compte, ce lui sera bien peu onéreux, puisque avec la plus modique somme d'acide sulfurique à la pharmacie voisine ou même chez certains épiciers, on pourra se contenter. Inutile d'ajouter qu'il n'y a qu'un peu de précaution à prendre pour éviter que le liquide corrosif, plus connu sous le nom d'huile de vitriol, ne jaillisse sur soi. Cette précaution est surtout nécessaire pour ceux qui l'emploieront en touries. Du reste, cet acide étant très dense, tombe lourdement, ce qui néanmoins n'est pas un motif pour exclure la prudence, que nous conseillerons toujours quand même. Du reste, si quelques gouttes d'acide jaillissaient sur un vêtement, un peu d'ammoniaque, alcali volatil, en aurait vite raison, et la couleur rouge aussitôt disparaîtrait.

§ VII. **Dissolutions d'Os et de Chiffons par l'acide sulfurique.** — Dans nos premiers essais, comme nous l'avons dit, nous jetions du sel de cuisine dans notre acide sulfurique pour faciliter la formation des chlorures, en raison de la présence possible de l'acide chlorhydrique au milieu de l'acide sulfurique. Tel a été le résultat de ces dissolutions :

Nous avions à notre disposition 25 k. d'os, 50 k. de chiffons et 162 k. d'acide sulfurique à 66°. En opérant de la même façon que plus loin, on voit que les 25 k. d'os contenaient 7,20 de bi-phosphate de chaux et 2,11 d'azote. Les 50 k. de laine contenaient 8,99 d'azote, donc, total de l'azote de l'engrais : 11,10. Il a été employé, comme excipient de ces solutions, 75 litres de cendre et 4 hectolitres de charrée. Nous avons obtenu 460 k. 5 de guano. On arrive ainsi au chiffre de 2,41 pour 100 d'azote et 1,56 pour 100 de phosphate de chaux soluble. Ce dernier chiffre va paraître excessivement faible pour un engrais. L'expérience aux champs a démontré qu'il n'y avait pas lieu de s'arrêter à cette considération, puisque le résultat sur la végétation a été magnifique.

§ VIII. **Avec des Substances albuminoïdes dis-**

soutes, on n'a pas à se préoccuper d'autre source de Phosphates. — Évidemment, le succès est dû surtout aux 2,41 pour 100 d'azote, ce qui démontre l'influence immense des substances albuminoïdes dissoutes, sur les plantes. La science, répétons-le, nous dit que ces principes protéiques ne peuvent se constituer sans la présence des phosphates ; donc, lorsqu'on aura à sa disposition des substances azotées comme le sont les matières animales, pour les livrer à l'acide sulfurique, on n'aura pas à se préoccuper de chercher ailleurs des phosphates, car les principes albuminoïdes sont un type de nourriture pour les végétaux.

D'ailleurs, l'expérience agricole encore démontre comme quoi le chiffon en nature est un puissant engrais et donne lieu à de magnifiques récoltes. Seulement, ici, une grande quantité est nécessaire, tandis qu'en dissolution, on voit comme tout change : diminution sur la quantité à employer et résultats immédiats obtenus.

En 1879, nous avons voulu nous assurer si l'on pouvait constater quelque différence entre un guano fait avec une dissolution très concentrée de chiffon dans l'acide sulfurique, puis traitée par la cendre de bois, et un autre composé d'os dissous dans l'acide chlorhydrique, le tout traité par l'acide sulfurique tenant lui-même de la laine en dissolution et avec de la cendre pour excipient comme dans le premier cas.

Au printemps, sur deux planches de terrain contenant chacune environ dix ares et se touchant, nous avons semé de l'engrais dans la proportion de 200 k. à l'hectare avec de la vesce. Cette dernière est devenue très belle et il n'a pas été possible de voir la moindre différence dans les deux plans. Donc, avec la cendre de bois, une dissolution de laine dans l'acide sulfurique suffit seule pour obtenir une végétation luxuriante.

La plante trouve là tout ce qui lui est nécessaire en azote et en phosphates, sans le concours des os.

§ IX. **Essai comparatif aux champs de la cendre et de la charrée comme excipients des engrais solubles.** — On a vu qu'à défaut de cendre nous nous sommes servi de charrée. Un seul essai comparatif et bien constaté a été fait sur de l'orge. Il n'a pas été possible de voir de différence dans le résultat. Du reste, la charrée n'a pas été ménagée en 1877, puisque quatre hectolitres de charrée ont été employés contre soixante-quinze litres seulement de cendre.

CHAPITRE VIII

Résumé. — En définitive, ce travail a eu pour but de faire ressortir l'importance des substances azotées et phosphatées dans le règne animal comme dans le règne végétal. On a vu que ni l'homme, ni les animaux, ni les plantes, ne peuvent se soustraire à ces principes.

Pour conserver la santé, tous nos efforts doivent chez nous être concentrés de ce côté. Des matières albuminoïdes arrangées d'une façon plus ou moins séduisante pour notre appétit par l'art culinaire, voilà ce à quoi il faut viser dans notre alimentation. Le pain de froment par son gluten et la viande par sa fibrine, telle est la base de toute bonne nourriture pour l'homme, y compris le laitage et les œufs.

Pour les animaux, ce seront les grains et les farineux judicieusement distribués et unis aux fourrages bien récoltés. Ils trouvent là aussi l'azote et les phosphates rigoureusement nécessaires à leur alimentation.

Enfin, les plantes qui se chargent de recommencer le cycle de la vie en absorbant tous ses déchets, auront les mêmes préférences. Pour elles, l'art véritablement culinaire consistera à leur présenter les aliments d'une façon qui convienne également à leur goût. Vous ne leur donnerez rien sous une forme absolument indigeste, elles vous refuseraient. C'est ce qui arrive avec les engrais essentiellement insolubles, les engrais de ferme trop verts par exemple.

Toutefois, il faut viser à ne leur faire une distribution d'aliments de choix qu'avec une certaine réserve, car la gourmandise est aussi leur propre et peut même devenir pour elles une cause de ruine. Elles ignorent cette grande vertu : la tempérance. Le meilleur assaisonnement pour les végétaux est la dissolution des principes azotés et phosphatés dans l'acide sulfurique agissant seul sur les matières azotées, ou consécutivement à l'action de l'acide chlorhydrique sur les phosphates.

En tout cas, cette cuisine est, comme on l'a vu, peu dispendieuse. Raison majeure pour ne pas en priver les plantes, d'autant plus que, si vous consentez à ce sacrifice, elles vous rendront le centuple de ce que vous aurez fait en leur faveur.

Ainsi, voilà établi le grand rôle que l'acide sulfurique, huile de vitriol, conjointement avec l'acide chlorhydrique ou muriatique est appelé à remplir dans cette question de retour à la terre des substances animales. Où l'on en appréciera toute l'importance encore, c'est dans l'usage raisonné qu'on en fera à l'avenir pour tenir en état de propreté une foule d'objets servant à nos usages domestiques.

Quant à l'acide chlorhydrique, son action désorganisante sera mise également à profit pour assainir les locaux étroits, remplis de miasmes. Si l'on n'avait pas cet acide sous la main et qu'on n'eût que de l'acide sulfurique, on jetterait de ce dernier dans un vase en terre quelques gouttes seulement sur du sel marin ou sel de cuisine. On aurait alors une puissante fumigation chlorhydrique qui purifierait l'air.

C'est en été surtout que l'on se trouverait bien de ces nettoyages avec de l'eau additionnée soit d'acide sulfurique, soit d'acide chlorhydrique.

En cas de maladies contagieuses chez les animaux, les râteliers, auges, stalles, juchoirs, seront lavés avec des dissolutions semblables. La brosse ayant passé ainsi sur de tels objets, on verra le bois propre, dégagé de toutes les impuretés qui le souillaient.

Inutile d'ajouter que les eaux provenant de tous lavages avec les acides seront soigneusement jetées sur les fumiers, dont elles ne pourront qu'améliorer la qualité.

Enfin, nous voici à la fin de notre tâche : si le résultat peut être à la hauteur de nos intentions, notre but sera atteint.

FIN

TABLE DES MATIÈRES

CHAPITRE I

CHAPITRE II

CHAPITRE III

CHAPITRE IV

CHAPITRE V

CHAPITRE VI

CHAPITRE VII

CHAPITRE VIII

BIBLIOTHÈQUE NATIONALE IMPRIMÉS

www.ingramcontent.com/pod-product-compliance
Ingram Content Group UK Ltd.
Pitfield, Milton Keynes, MK11 3LW, UK
UKHW020318220726
13923UKWH00003B/1223